PRÁTICAS EM TECNOLOGIA DE ALIMENTOS

P912   Práticas em tecnologia de alimentos / Cássia Regina Nespolo
        ... [et al.]. – Porto Alegre : Artmed, 2015.
        xii, 205 p. il. ; 25 cm.

        ISBN 978-85-8271-195-8

        1. Tecnologia de alimentos. I. Nespolo, Cássia Regina.

        CDU 641:62

Catalogação na publicação: Poliana Sanchez de Araujo – CRB 10/2094

CÁSSIA REGINA NESPOLO
FERNANDA ARBOITE DE OLIVEIRA
FLÁVIA SANTOS TWARDOWSKI PINTO
FLORENCIA CLADERA OLIVERA

Práticas em TECNOLOGIA DE ALIMENTOS

Reimpressão 2016

artmed

2015

© Artmed Editora Ltda., 2015

Gerente editorial: *Arysinha Jacques Affonso*

Colaboraram nesta edição:

Editora: *Maria Eduarda Fett Tabajara*

Processamento pedagógico: *Carla Paludo*

Capa e projeto gráfico: *Paola Manica*

Imagens da capa: *Varijanta/iStock/Thinkstock; Color_life/iStock/Thinkstock.*

Editoração: *Estúdio Castellani*

Reservados todos os direitos de publicação à
ARTMED EDITORA LTDA., uma empresa do GRUPO A EDUCAÇÃO S.A.
A série Tekne engloba publicações voltadas à educação profissional e tecnológica.

Av. Jerônimo de Ornelas, 670 – Santana
90040-340 – Porto Alegre – RS
Fone: (51) 3027-7000   Fax: (51) 3027-7070

É proibida a duplicação ou reprodução deste volume, no todo ou em parte, sob quaisquer formas ou por quaisquer meios (eletrônico, mecânico, gravação, fotocópia, distribuição na Web e outros), sem permissão expressa da Editora.

Unidade São Paulo
Av. Embaixador Macedo Soares, 10.735 – Pavilhão 5 – Cond. Espace Center
Vila Anastácio – 05095-035 – São Paulo – SP
Fone: (11) 3665-1100   Fax: (11) 3667-1333

SAC 0800 703-3444 – www.grupoa.com.br
IMPRESSO NO BRASIL
PRINTED IN BRAZIL

As autoras

Cássia Regina Nespolo
Farmacêutica Bioquímica e Tecnóloga de Alimentos pela Universidade Federal do Rio Grande do Sul (UFRGS). Mestre e Doutora em Microbiologia Agrícola e do Ambiente pela mesma universidade. Professora da Universidade Federal do Pampa (UNIPAMPA).

Fernanda Arboite de Oliveira
Engenheira de Alimentos e Mestre em Microbiologia Agrícola e do Ambiente pela UFRGS. Doutora em Ciência e Tecnologia Agroindustrial pela Universidade Federal de Pelotas (UFPel). Professora do Instituto Federal de Educação, Ciência e Tecnologia do Rio Grande do Sul (IFRS).

Flávia Santos Twardowski Pinto
Engenheira de Alimentos e Mestre em Ciência e Tecnologia de Alimentos pela UFRGS. Doutora em Engenharia de Produção pela mesma universidade. Professora do IFRS.

Florencia Cladera Olivera
Engenheira de Alimentos e Mestre em Microbiologia Agrícola e do Ambiente pela UFRGS. Doutora em Engenharia Química pela mesma universidade. Professora do Instituto de Ciência e Tecnologia de Alimentos da UFRGS.

Apresentação

O Instituto Federal de Educação, Ciência e Tecnologia do Rio Grande do Sul (IFRS), em parceria com as editoras do Grupo A Educação, apresenta mais um livro especialmente desenvolvido para atender aos **eixos tecnológicos definidos pelo Ministério da Educação**, os quais estruturam a educação profissional técnica e tecnológica no Brasil.

A **Série Tekne**, projeto do Grupo A para esses segmentos de ensino, inscreve-se em um cenário privilegiado, no qual as políticas nacionais para a educação profissional técnica e tecnológica estão sendo valorizadas, tendo em vista a ênfase na educação científica e humanística articulada às situações concretas das novas expressões produtivas locais e regionais. Essas novas expressões demandam a criação de novos espaços e ferramentas culturais, sociais e educacionais.

O Grupo A, assim, alia sua experiência e seu amplo reconhecimento no mercado editorial à qualidade de ensino, pesquisa e extensão de uma instituição pública federal voltada ao desenvolvimento da ciência, inovação, tecnologia e cultura. O conjunto de obras que compõe a coleção produzida em **parceria com o IFRS** é parte de uma proposta de apoio educacional que busca ir além da compreensão da educação profissional e tecnológica como instrumentalizadora de pessoas para ocupações determinadas pelo mercado. O fundamento que permeia a construção de cada livro tem como princípio a noção de uma educação científica, investigativa e analítica, contextualizada em situações reais do mundo do trabalho.

Cada obra desta coleção apresenta capítulos desenvolvidos por professores e pesquisadores do IFRS cujo conhecimento científico e experiência docente vêm contribuir para uma formação profissional mais abrangente e flexível. Os resultados desse trabalho representam, portanto, um valioso apoio didático para os docentes da educação técnica e tecnológica, uma vez que a coleção foi construída com base em **linguagem pedagógica e projeto gráfico inovadores**. Por sua vez, os estudantes terão a oportunidade de interagir de forma dinâmica com textos que possibilitarão a compreensão teórico-científica e sua relação com a prática laboral.

Por fim, destacamos que a Série Tekne representa uma nova possibilidade de sistematização e produção do conhecimento nos espaços educativos, que contribuirá de forma decisiva para a supressão da lacuna do campo editorial na área específica da educação profissional técnica e tecnológica.

Trata-se, portanto, do começo de um caminho que pretende levar à criação de infinitas possibilidades de formação profissional crítica com vistas aos avanços necessários às relações educacionais e de trabalho.

Clarice Monteiro Escott
Maria Cristina Caminha de Castilhos França
Coordenadoras da coleção Tekne/IFRS

Sumário

capítulo 1
Introdução à tecnologia de alimentos 1
Introdução 2
Conceitos básicos 2
    Alimentos 3
    Nutrientes 3
    Ciência dos alimentos 4
    Tecnologia de alimentos 4
Objetivos 5
    Desenvolvimento da tecnologia de alimentos 5
Áreas 7
    Ciências físicas e químicas 7
    Ciências biológicas 8
    Nutrição 8
    Engenharia 8
Aplicações 8

capítulo 2
Matérias-primas na indústria de alimentos 11
Introdução 12
Origem das matérias-primas 12
    Tipos de matérias-primas 13
Tipos de indústrias alimentícias 18
Prática: classificação de matérias-primas e tipos de indústrias 20
    Introdução 20
    Objetivos 20
    Materiais 20
    Procedimentos 21

capítulo 3
Reações de importância em alimentos 25
Introdução 26
Deterioração provocada por micro-organismos 26
    Deterioração fúngica 26
Deterioração bacteriana 27
Reações de escurecimento não enzimático 29
    Caramelização 29
    Reação de Maillard 29
Reações de escurecimento enzimático 32
Rancidez em alimentos gordurosos 33
    Rancidez hidrolítica 34
    Rancidez oxidativa 34
Prática: deterioração de alimentos provocada por micro-organismos 35
    Introdução 35
    Objetivos 36
    Materiais, equipamentos e reagentes necessários 36
    Procedimentos 36
Prática: reação de Maillard 37
    Introdução 37
    Objetivo 37
    Materiais, equipamentos e reagentes necessários 37
    Procedimentos 38
Prática: escurecimento enzimático 38
    Introdução 38
    Objetivos 39
    Materiais, equipamentos e reagentes necessários 39
    Procedimentos 39
    Avaliação da ação do ácido cítrico 39
    Avaliação da ação do bissulfito 40
    Avaliação da ação da temperatura ... 41
Prática: índice de peróxido 42
    Introdução 42
    Materiais, equipamentos e reagentes necessários 42
    Procedimentos 43
    Cálculos 44

capítulo 4
Métodos de conservação dos alimentos .. 47
Introdução 48
Reações de deterioração 48
    Influência dos esforços mecânicos 49
    Influência da luz 50
    Influência da temperatura 50
    Influência do oxigênio 52
    Influência da umidade relativa 52
    Influência da atividade de água 53
    Influência do pH 54
    Influência de outros fatores 55
Métodos de conservação 55
    Conservação pelo uso do frio 56
    Conservação pelo uso do calor 58
    Conservação pelo controle da
       atividade de água 61
    Conservação pelo controle do
       oxigênio 65
    Conservação pelo controle do pH 66
    Conservação pelo uso de aditivos 68
    Outros métodos de conservação 69
    Tecnologia de barreiras 69
Prática: classificação dos métodos de
   conservação de alimentos 70
    Introdução 70
    Objetivos 70
    Materiais 71
    Procedimentos 71
Prática: produção de batata palito
   congelada com e sem branqueamento
   prévio 73
    Introdução 73
    Objetivos 73
    Materiais 73
    Procedimentos 74
Prática: secagem de frutas 75
    Introdução 75
    Objetivos 75
    Materiais 75
    Procedimentos 76

capítulo 5
**Processos de transformação de
alimentos 81**
Introdução 82
Operações de transformação utilizadas
   em alimentos 82
    Redução de tamanho 83

    Aumento de tamanho 85
    Mistura 85
    Modificação da textura 85
    Extrusão 88
    Fermentação 88
    Uso de aditivos 94
Prática: identificação de operações de
   transformação 97
    Introdução 97
    Objetivo 97
    Procedimentos 97
Prática: uso de aditivos 99
    Introdução 99
    Objetivos 99
    Materiais 99
    Procedimentos 99
Prática: processos fermentativos –
   produção de cerveja 100
    Introdução 100
    Objetivos 101
    Materiais 101
    Procedimentos 101

capítulo 6
**Tecnologia de alimentos de origem
vegetal 107**
Introdução 108
Operações preliminares 108
    Limpeza 109
    Seleção 109
    Classificação 109
    Eliminação de indesejáveis 110
    Branqueamento 111
Aspectos gerais do processamento de
   cereais 111
    Características dos cereais 112
Aspectos gerais do processamento de
   frutas e hortaliças 117
    Processamento de frutas para
       obtenção de geleias 118
    Processamento de hortaliças em
       conserva 118
Prática: panificação 120
    Introdução 120
    Objetivos 120
    Procedimentos para fabricação do
       pão francês 120
    Procedimentos para fabricação do
       pão doce 121

Prática: produção de hambúrguer de soja 122
    Introdução 122
    Objetivos 122
    Materiais 122
    Procedimentos para formulação de
        hambúrguer de soja com alginato 122
    Procedimentos para formulação de
        hambúrguer de soja sem alginato 123
Prática: produção de conservas –
    abacaxi em calda 124
    Introdução 124
    Objetivos 125
    Materiais 125
    Procedimentos para formulação
        de abacaxi em calda
        (aproximadamente 60°Brix) 125
    Procedimentos para formulação
        de abacaxi em calda
        (aproximadamente 30°Brix) 126
Prática: produção de geleia 127
    Introdução 127
    Objetivos 127
    Materiais 127
    Procedimentos para formulação de
        geleia de laranja 128
    Procedimentos para formulação de
        geleia de morango 129
Prática: produção de conservas – picles 130
    Introdução 130
    Objetivos 131
    Materiais 131
    Procedimentos para formulação de
        picles simples 131
    Procedimentos para formulação de
        picles misto 132

capítulo 7
**Tecnologia de alimentos de origem
animal 135**
Introdução 136
Tecnologia de alimentos de origem animal .. 136
    Queijo 137
    Requeijão 142
    Iogurte 145
    Linguiça frescal 149
    Pescado 152
Prática: produção de queijo frescal 155
    Introdução 155
    Objetivos 155

    Materiais 155
    Procedimentos para formulação
        padrão de queijo frescal 156
    Procedimentos para formulação teste
        para queijo frescal 157
Prática: produção de requeijão 157
    Introdução 157
    Objetivos 157
    Materiais 158
    Procedimentos para formulação de
        requeijão cremoso 158
    Procedimentos para formulação de
        requeijão cremoso com adição de
        amido 159
Prática: produção de iogurte 160
    Introdução 160
    Objetivos 160
    Materiais 160
    Procedimentos para elaboração de
        iogurte natural 160
    Procedimentos para elaboração de
        iogurte natural com padronização
        do extrato 161
Prática: embutidos – produção de
    linguiça frescal 161
    Introdução 161
    Objetivos 162
    Materiais 162
    Procedimentos para elaboração de
        linguiça frescal com carne suína
        magra 162
    Procedimentos para elaboração
        de linguiça frescal com carne e
        gordura suínas 163
Prática: produção de pescado salgado 164
    Introdução 164
    Objetivos 164
    Materiais 164
    Procedimentos para beneficiamento
        do pescado até a filetagem 165
    Procedimentos para conservação do
        filé de pescado por salga seca 165
    Procedimentos para conservação do
        filé de pescado por salga úmida 165

capítulo 8
**Análise sensorial aplicada à tecnologia de
alimentos 169**
Introdução 170

Receptores sensoriais 171
   Olfato 171
   Gosto 171
   Visão 172
   Tato 173
   Audição 173
Testes sensoriais 174
   Exemplo 1: é perceptível a troca de fornecedor? 175
   Exemplo 2: qual fornecedor é melhor? 176
   Exemplo 3: o novo produto será aceito pelos consumidores? 176
Prática: seleção de julgadores – teste de identificação de sabores básicos 177
   Introdução 177
   Objetivo 177
   Procedimentos 177
Prática: teste de limite de percepção 179
   Introdução 179
   Objetivos 179
   Procedimentos 179
   Análises 181
Prática: teste triangular (teste discriminativo) 182
   Introdução 182
   Objetivo 182
   Equipe de provadores 182
   Procedimentos 182
   Análise dos resultados 183

capítulo 9
Embalagens e rotulagem de alimentos 189
Introdução 190
Funções das embalagens 190
   Requisitos essenciais das embalagens 191
Tipos de materiais de embalagem 191
   Têxteis e madeira 192
   Metal 192
   Vidro 194
   Plástico 194
   Papel e papelão 194
Embalagens especiais 196
   Embalagens ativas 196
   Embalagens inteligentes 196
Rotulagem de alimentos 196
   Cálculo das informações nutricionais 197
   Cálculo do valor energético 198
   Formas de apresentação 199
   Outras informações 200
Prática: embalagens utilizadas em alimentos 201
   Objetivo 201
   Materiais 201
   Procedimentos 202
Prática: rotulagem nutricional de alimentos 203
   Objetivo 203
   Procedimentos 203

capítulo 1

Introdução à tecnologia de alimentos

Qualquer método ou técnica de processamento de alimentos envolve uma combinação de procedimentos ou operações unitárias que modificam as características da matéria-prima. Atualmente, os consumidores não desejam apenas um alimento com uma ampla vida de prateleira e sem necessidade de refrigeração: também demandam produtos fáceis de preparar, prontos para o consumo, gostosos e atrativos. Além disso, observa-se uma demanda crescente por alimentos mais saudáveis e naturais. Neste capítulo, serão introduzidos os principais conceitos relacionados à tecnologia de alimentos e à sua importância na sociedade hoje.

Objetivos de aprendizagem

» Definir os principais conceitos relativos aos alimentos e à sua industrialização.

» Explicar os objetivos do processamento de alimentos e os fatores que contribuíram para o desenvolvimento da tecnologia de alimentos.

» Discutir sobre as áreas do conhecimento relacionadas à tecnologia de alimentos.

≫ Introdução

Você sabe para que serve a tecnologia de alimentos? A resposta dessa questão perpassa a preocupação demonstrada pelo demógrafo e economista inglês Thomas Robert Malthus em seu *Ensaio sobre a população*, publicado há mais de 200 anos, na época da Revolução Industrial – quando o setor agrícola se mostrava incapaz de gerar alimentos em abundância. Segundo o autor, a população mundial crescia de forma semelhante a uma progressão geométrica (1, 2, 4, 8, 16, 32 e assim por diante), enquanto a produção de alimentos crescia de forma semelhante a uma progressão aritmética (1, 2, 3, 4, 5, etc.), ou seja, a população do mundo crescia, na época, mais rapidamente do que o fornecimento dos alimentos (MALTHUS, 1983).

Percebe-se, dessa forma, que a preocupação com a conservação e transformação de alimentos é muito antiga – surgiu muito antes que o processo de conservação e transformação de alimentos fosse reconhecido como uma ciência, o que aconteceu nos Estados Unidos e na Grã-Bretanha no ano de 1931.

Hoje, a indústria de alimentos se preocupa em atender a alguns objetivos básicos como:

- Aumentar a vida de prateleira dos produtos por meio de técnicas de conservação.
- Incrementar a quantidade de alimentos produzidos.
- Ampliar a variedade da dieta.
- Fornecer os nutrientes necessários para a saúde.
- Gerar lucros.

> ≫ **CURIOSIDADE**
> Embora hoje seja contestada, especialmente por não ter levado em consideração a revolução tecnológica na produção agrícola, a preocupação de Malthus fez os estudiosos passarem a examinar a demografia mundial como um fator variável e determinante.

≫ Conceitos básicos

A indústria de alimentos vem enfrentando novos desafios para que o processamento de alimentos contemple as exigências dos consumidores e da legislação vigente. Alguns dos desafios enfrentados pelas indústrias de alimentos podem ser observados na Figura 1.1.

Assim, é importante dominar alguns conceitos (listados a seguir) quando se estuda o processamento dos alimentos. Cabe destacar que, para cada conceito, existem diversas definições que surgiram ao longo dos anos. As apresentadas na sequência foram consideradas mais adequadas ao escopo deste livro e seus autores são citados nas referências deste capítulo.

Figura 1.1 Possíveis desafios na industrialização de alimentos.
Fonte: Autoras.

» Alimentos

O Decreto-Lei n. 986, de 21 de outubro de 1969, define **alimento** como toda substância ou mistura de substâncias, no estado sólido, líquido, pastoso ou qualquer outra forma adequada, destinada a fornecer ao organismo humano os elementos normais, essenciais a sua formação, manutenção e desenvolvimento (BRASIL, 1969). Dessa forma, os alimentos podem ser entendidos como produtos de composição complexa que, em estado natural, processados ou cozidos, são consumidos pelo homem como fonte de nutrientes e para sua satisfação sensorial.

> » **NO SITE**
> Para ter acesso ao site oficial da Anvisa e saber mais sobre alimentos, visite o ambiente virtual de aprendizagem Tekne: www.grupoa.com.br/tekne.

» Nutrientes

Os **nutrientes** são substâncias contidas nos alimentos e utilizadas pelo organismo. Este transforma e incorpora os nutrientes aos seus próprios tecidos para cumprir três finalidades básicas:

- O aporte de energia necessária para manter a integridade e o perfeito funcionamento das estruturas corporais.
- A provisão dos materiais necessários para a formação dessas estruturas.
- O suprimento das substâncias necessárias para regular o metabolismo.

Os nutrientes encontrados nos alimentos são os carboidratos, as gorduras, proteínas, minerais e vitaminas, conforme mostra a Figura 1.2.

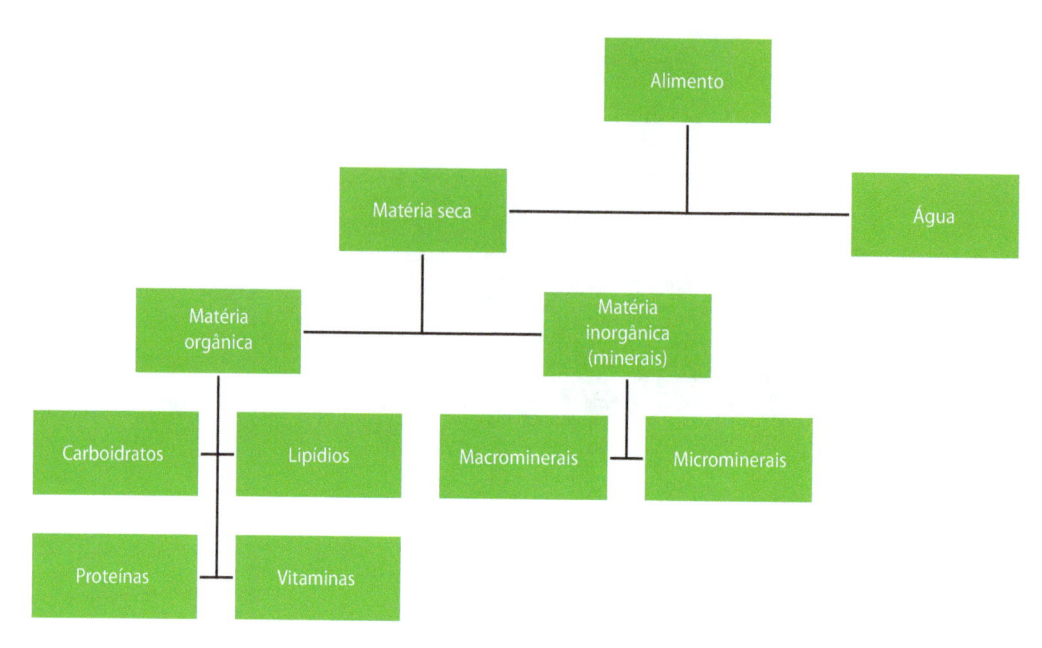

```
                    ┌───────────┐
                    │ Alimento  │
                    └─────┬─────┘
              ┌───────────┴───────────┐
      ┌───────────────┐         ┌─────────┐
      │ Matéria seca  │         │  Água   │
      └───────┬───────┘         └─────────┘
       ┌─────┴──────┐
┌──────────────┐  ┌──────────────┐
│   Matéria    │  │   Matéria    │
│   orgânica   │  │  inorgânica  │
│              │  │  (minerais)  │
└──┬────────┬──┘  └──┬────────┬──┘
┌─────────┐ ┌─────────┐ ┌──────────────┐ ┌──────────────┐
│Carboidr.│ │Lipídios │ │Macrominerais │ │Microminerais │
└────┬────┘ └────┬────┘ └──────────────┘ └──────────────┘
┌─────────┐ ┌─────────┐
│Proteínas│ │Vitaminas│
└─────────┘ └─────────┘
```

Figura 1.2 Composição dos alimentos contemplando seus nutrientes.
Fonte: Autoras.

> » **DICA**
> Cabe destacar que os nutrientes presentes em maiores quantidades nos alimentos são os carboidratos, lipídios e proteínas. As vitaminas e os minerais são encontrados em quantidades menores.

Como podemos ver na figura, os minerais podem ser classificados em macrominerais (aqueles cuja ingestão diária recomendada é maior do que 100mg: cálcio, fósforo, sódio, potássio, enxofre, magnésio e cloro) e microminerais (necessários em quantidades menores no organismo, como, p. ex., ferro, iodo, manganês e zinco).

» Ciência dos alimentos

A **ciência dos alimentos** pode ser entendida como a disciplina que utiliza as ciências biológicas, físicas, químicas e a engenharia para o estudo da natureza dos alimentos, das causas de sua alteração e dos princípios em que se assenta o processamento dos alimentos.

» Tecnologia de alimentos

A **tecnologia de alimentos** pode ser vista como a aplicação da ciência dos alimentos para seleção, conservação, transformação, acondicionamento, distribuição e uso de alimentos nutritivos e seguros. Em outras palavras, é a aplicação de técnicas e métodos para elaboração, armazenamento, processamento, controle, embalagem, distribuição e utilização dos alimentos.

Objetivos

Pode-se afirmar que a principal função da tecnologia de alimentos é fazer todos se alimentarem diariamente de forma nutritiva e saudável. Para que isso aconteça, devem ser superados diversos obstáculos relacionados à perecibilidade dos alimentos e à sua distribuição para que cheguem a todos os lugares habitados, além de serem produzidos em quantidade suficiente para atender à crescente demanda. Dessa forma, os principais objetivos da tecnologia de alimentos são:

- Garantir o abastecimento de alimentos nutritivos e saudáveis.
- Aumentar a vida de prateleira dos alimentos.
- Garantir a inocuidade dos alimentos.
- Diversificar os alimentos para que o consumidor possa dispor de ampla variedade.
- Obter o máximo de aproveitamento dos recursos nutricionais do planeta e de forma sustentável.
- Buscar novas fontes de matérias-primas ou novas formas de obtê-las.
- Preparar alimentos para indivíduos com necessidades nutricionais especiais.
- Apresentar ao consumidor produtos apetitosos e atrativos.

>> **NO SITE**
Para conhecer diversos objetos de aprendizagem relacionados com a composição e tecnologia de alimentos acesse o ambiente virtual de aprendizagem Tekne.

Desenvolvimento da tecnologia de alimentos

Diversos fatores contribuíram para o desenvolvimento da tecnologia de alimentos (Figura 1.3). Alguns tiveram grande influência, como a necessidade de aumentar a produção, e outros fatores tiveram menor influência, mas todos foram responsáveis pelo desenvolvimento da tecnologia de alimentos, que continua evoluindo.

- Aumento da demanda de alimentos
- Novos conhecimentos e tecnologias
- Concorrência comercial
- Mudanças no perfil dos consumidores
- Outros fatores

Figura 1.3 Alguns fatores que levaram ao desenvolvimento da tecnologia de alimentos.
Fonte: Autoras.

Aumento na demanda de alimentos

O aumento na demanda alimentos é consequência do maior consumo devido ao crescimento demográfico. Há também um incremento na utilização de alimentos industrializados ocasionado pela urbanização e por mudanças nas condições sociais e de trabalho. Assim, a necessidade de aumentar a produção e o aproveitamento de matérias-primas diversas contribuiu para o surgimento de novas técnicas, que possibilitaram a maior produção de alimentos.

Novos conhecimentos e novas tecnologias

A evolução da ciência gerou novos conhecimentos nas diversas áreas relacionadas a alimentos e proporcionou o uso de novas tecnologias. Podem ser citados como exemplos:

- Uso de novos materiais em embalagens.
- Conhecimentos relacionados às causas de deterioração dos alimentos.
- Aprimoramento de métodos antigos de conservação, como a desidratação.
- Desenvolvimento de novas tecnologias, como o aquecimento ôhmico.

Mudanças no perfil dos consumidores

As necessidades e as exigências dos consumidores têm evoluído ao longo dos anos, provocando adaptações na produção de alimentos. Por exemplo, a falta de tempo para elaborar alimentos nas residências tem aumentado a demanda por produtos prontos para o consumo.

Além disso, a preocupação com a saúde e com os aspectos nutricionais dos alimentos tem provocado o desenvolvimento de novas tecnologias para minimizar perdas de nutrientes e utilização de aditivos. Estudos realizados no Brasil indicam as seguintes tendências na alimentação:

- Conveniência e praticidade
- Confiabilidade e qualidade
- Palatabilidade e prazer
- Saudabilidade e bem-estar
- Sustentabilidade e ética

Concorrência comercial

A disputa entre os fabricantes pela preferência de seus produtos gerou, no âmbito da tecnologia de alimentos, processos originais e inovações nos diferentes aspectos relacionados à produção, ao transporte e ao armazenamento dos produtos.

De forma geral, as mudanças podem estar relacionadas ao desenvolvimento de produtos mais atraentes para o consumidor, com qualidade superior à da concorrência, ou produtos com preços mais baixos.

Outros fatores

Outros fatores também têm sido importantes para o desenvolvimento da tecnologia de alimentos. Um dos grandes impulsos foram as guerras, quando houve a necessidade de alimentar as tropas utilizando alimentos que pudessem ser transportados por longos períodos e que fossem seguros, alavancando o desenvolvimento de métodos de conservação.

Também foram importantes a corrida espacial e a consequente necessidade de produzir alimentos de alta qualidade, nutritivos, apetitosos, de fácil preparo e consumo e sem riscos à saúde. Mais recentemente, a preocupação com as mudanças climáticas e suas consequências na produção de alimentos também alavancou diversas pesquisas, contribuindo para o desenvolvimento da tecnologia de alimentos.

Áreas

A tecnologia de alimentos se baseia em quatro grandes áreas de conhecimento (Figura 1.4). Cada uma dessas áreas será abordada sinteticamente a seguir.

Ciências físicas e químicas

As ciências físicas e químicas permitem conhecer as transformações que ocorrem durante a colheita, o processamento e o armazenamento dos alimentos, e controlá-las para manter a qualidade dos produtos. A química também é utilizada para mensurar os constituintes dos alimentos e suas reações, fazendo, assim, parte do controle de qualidade laboratorial.

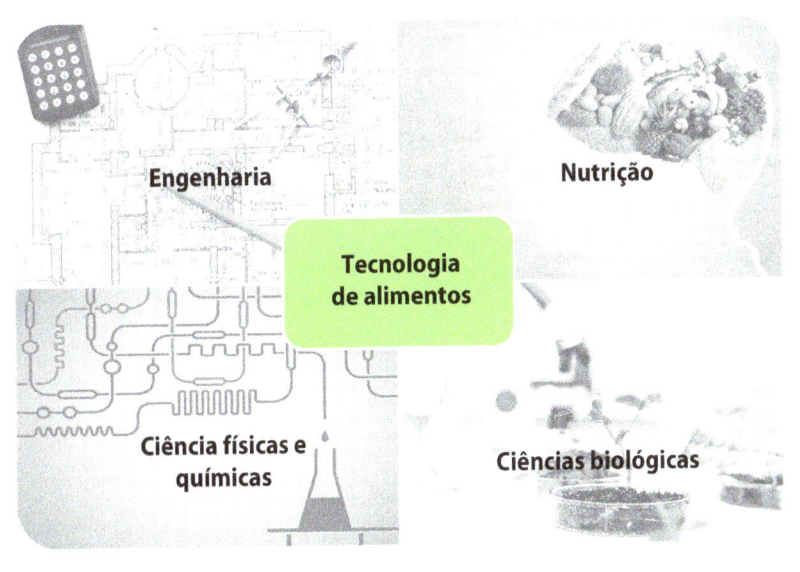

Figura 1.4 Principais áreas nas quais se baseia a tecnologia de alimentos.
Fonte: Zoonar/iStock/Thinkstock.

» Ciências biológicas

As ciências biológicas possibilitam a obtenção de matérias-primas mais favoráveis, como a criação de animais e a obtenção de vegetais de qualidade superior e em maiores quantidades. Podem ser citados como exemplos:

- Seleção de sementes
- Adaptação de plantas
- Hibridização
- Engenharia genética
- Métodos especiais de cultura

A biologia também proporciona maneiras de controlar ou eliminar os micro-organismos indesejáveis (os patogênicos, causadores de doenças; e os deteriorantes, aqueles que provocam a deterioração dos alimentos). Ela fornece os subsídios para o conhecimento dos processos de alterações microbiológicas e dos princípios de diversas técnicas de conservação dos alimentos. A microbiologia também é utilizada na produção de alimentos fermentados, melhorando, em muitos casos, as características sensoriais e a vida de prateleira.

> **» ASSISTA AO FILME**
> Existem diversos vídeos e documentários relacionados com a produção e o consumo de alimentos, nos quais são abordadas diferentes visões sobre o assunto. Para assisti-los, visite o ambiente virtual de aprendizagem.

» Nutrição

A nutrição oferece bases para se conhecer as vantagens da presença de determinados nutrientes nos alimentos, seus efeitos no organismo e suas interações com ele.

» Engenharia

A engenharia estuda as fases do processamento da matéria-prima por meio dos conceitos das operações unitárias (filtração, refrigeração, desidratação, destilação, etc.) e princípios da engenharia. Fornece as bases para a elaboração de produtos por meio dos projetos estruturais, de equipamentos e do desenvolvimento de embalagens.

» Aplicações

A relevância da tecnologia de alimentos está no desenvolvimento de métodos e processos que possam reduzir as perdas e também aumentar a disponibilidade de alimentos sem abrir mão da qualidade.

Há muita dificuldade em quantificar as perdas na cadeia produtiva, mas sabe-se que grande parte dos alimentos dos países de baixa renda é perdida no campo, no processamento ou na distribuição, chegando a valores próximos de 40% em algumas regiões do planeta.

Além disso, estima-se que, se metade das perdas de alimentos no armazenamento fosse evitada, haveria calorias suficientes para satisfazer a dieta de 500.000 pessoas. Estas são as principais aplicações da tecnologia de alimentos:

- Aumentar a vida útil dos produtos alimentícios.
- Facilitar o armazenamento dos alimentos.
- Obter o máximo de aproveitamento dos recursos nutritivos existentes atualmente no planeta.
- Procurar fontes até agora pouco ou não exploradas.
- Aumentar o valor nutritivo dos alimentos pela inclusão de nutrientes (proteínas, vitaminas, minerais, etc.).
- Elaborar produtos para indivíduos com necessidades nutricionais especiais, como diabéticos, bebês e crianças pequenas, idosos, atletas, celíacos, intolerantes à lactose, etc.
- Desenvolver produtos prontos, semiprontos e de fácil elaboração.
- Conseguir uma distribuição mais uniforme dos alimentos durante todas as estações e épocas do ano.
- Melhorar as qualidades sensoriais por meio do uso de aditivos ou novas tecnologias.
- Desenvolver embalagens mais resistentes, seguras e ecologicamente corretas.
- Obter alimentos seguros quanto às condições higiênico-sanitárias e sua inocuidade, diminuindo riscos à saúde do consumidor.
- Diminuir custos de produção por meio de mudanças nas matérias-primas ou processos.

>> RESUMO

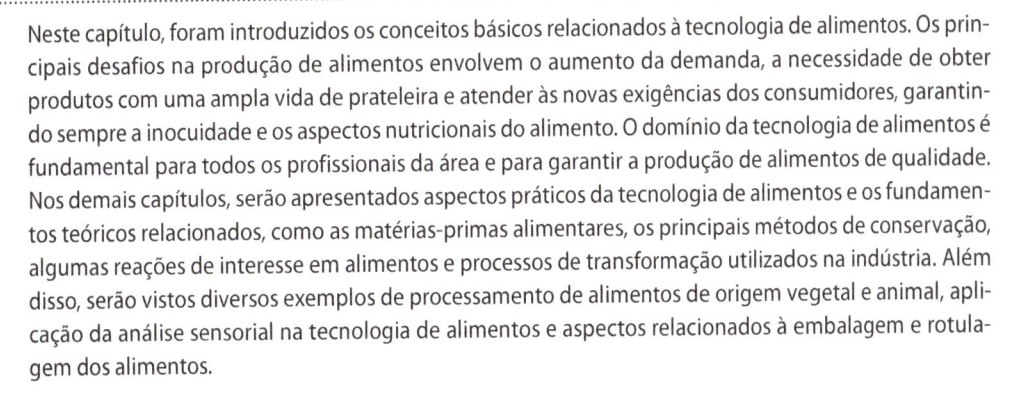

Neste capítulo, foram introduzidos os conceitos básicos relacionados à tecnologia de alimentos. Os principais desafios na produção de alimentos envolvem o aumento da demanda, a necessidade de obter produtos com uma ampla vida de prateleira e atender às novas exigências dos consumidores, garantindo sempre a inocuidade e os aspectos nutricionais do alimento. O domínio da tecnologia de alimentos é fundamental para todos os profissionais da área e para garantir a produção de alimentos de qualidade. Nos demais capítulos, serão apresentados aspectos práticos da tecnologia de alimentos e os fundamentos teóricos relacionados, como as matérias-primas alimentares, os principais métodos de conservação, algumas reações de interesse em alimentos e processos de transformação utilizados na indústria. Além disso, serão vistos diversos exemplos de processamento de alimentos de origem vegetal e animal, aplicação da análise sensorial na tecnologia de alimentos e aspectos relacionados à embalagem e rotulagem dos alimentos.

REFERÊNCIAS

BRASIL. Decreto-Lei n. 986, de 21 de outubro de 1969. Institui normas básicas sobre alimentos. Brasília, 1969. Disponível em: http://portal.anvisa.gov.br/wps/wcm/connect/836d7c804745761d8415d43fbc4c6735/dec_lei_986.pdf?MOD=AJPERES>. Acesso em: 24 set. 2014.

EVANGELISTA, J. *Tecnologia de alimentos*. 2. ed. São Paulo: Atheneu, 2003.

FEDERAÇÃO DAS INDÚSTRIAS DO ESTADO DE SÃO PAULO. *Brasil Food Trends 2020*. São Paulo: FIESP, 2010.

FELLOWS, P. J. *Tecnologia do processamento de alimentos*: princípios e prática. Porto Alegre: Artmed, 2006.

GAVA, A. J. *Princípios de tecnologia de alimentos*. São Paulo: Nobel, 2002.

MALTHUS, T. R. *Ensaio sobre a população*. São Paulo: Abril Cultural, 1983.

ORDOÑEZ, J. A. et al. *Tecnologia de alimentos*. Porto Alegre: Artmed, 2005. v. 1.

capítulo 2

Matérias-primas na indústria de alimentos

O primeiro passo na produção de alimentos é a obtenção das matérias-primas, sendo que sua qualidade é fundamental para garantir que produtos adequados cheguem à mesa do consumidor. Existem diversos tipos de matérias-primas e cada uma delas pode gerar diferentes produtos alimentícios em função do seu processamento. Neste capítulo, veremos como podem ser classificadas as matérias-primas alimentares e os diferentes tipos de indústrias.

Objetivos de aprendizagem

» Conceituar matéria-prima e explicar sua importância para a qualidade do produto.

» Classificar as matérias-primas segundo a origem e os tipos.

» Identificar os principais tipos de indústrias de alimentos.

Introdução

De forma geral, entende-se por **processamento de alimentos** o ramo da produção que começa com matérias-primas vegetais ou animais (incluindo marinhos) e os transforma em produtos alimentares intermediários ou comestíveis por meio da aplicação de trabalho humano, uso de máquinas, energia e conhecimento científico.

O controle de qualidade dos alimentos começa no cuidado com o recebimento dos insumos, produção, transporte e armazenamento da matéria-prima. Dependendo do tipo de produto e processamento a ser realizado, são necessárias determinadas características da matéria-prima (como cor, textura, concentração de sólidos, umidade, etc.).

Com matéria-prima de baixa qualidade, não é possível produzir um alimento de alta qualidade. As matérias-primas alimentares podem ser classificadas quanto à sua origem e ao tipo, que serão vistos a seguir.

> » **DEFINIÇÃO**
> A legislação brasileira define **matéria-prima alimentar** como toda substância de origem vegetal ou animal, em estado bruto, que, para ser utilizada como alimento, precise sofrer tratamento e/ou transformação de natureza física, química ou biológica (BRASIL, 1969).

Origem das matérias-primas

As matérias-primas utilizadas na produção de alimentos podem ser classificadas quanto à origem como:

- Animal
- Vegetal
- Mineral
- Sintética

A maior fonte de matérias-primas são as de origem animal e vegetal. As matérias-primas de origem mineral estão representadas pela água e pelo sal marinho. As matérias-primas de origem sintética são basicamente substâncias utilizadas como aditivos ou coadjuvantes de tecnologia, tendo uma importante função na indústria alimentícia (Quadro 2.1).

Quadro 2.1 » Classificação das matérias-primas alimentícias quanto à origem

Origem animal	Maior fonte da indústria de alimentos
Origem vegetal	
Origem mineral	Menor aplicação industrial
Origem sintética	Importante função

Fonte: Evangelista (2003).

Na indústria alimentícia, a maioria dos alimentos é de origem vegetal. A matéria-prima de origem animal, por suas particularidades, é a de mais complexo tratamento sob o ponto de vista industrial, e a sua produção, de forma geral, é a de mais alto custo.

» Tipos de matérias-primas

A indústria de alimentos utiliza diversas matérias-primas, o que possibilita a elaboração de uma ampla gama de produtos alimentícios. Como foi citado, a maioria é de origem vegetal e animal, as quais serão detalhadas a seguir.

Matérias-primas de origem vegetal

As matérias-primas de origem vegetal podem ser extraídas ou cultivadas e classificadas como grãos alimentícios, frutas, hortaliças, plantas aromáticas e especiarias, entre outras. As mais utilizadas são definidas a seguir.

Grãos alimentícios

A definição de grãos na literatura é, muitas vezes, vaga e confusa. São encontradas definições amplas, abrangendo todos os alimentos comercializados como grãos secos ou apenas como sinônimo de cereal.

Os grãos podem ser definidos como os frutos das gramíneas (cariopses de cereais) e as sementes de leguminosas armazenados secos e utilizados na alimentação humana e/ou animal.

Figura 2.1 Grãos alimentícios.
Fonte: iStock/Thinkstock.

Os grãos podem ser divididos em dois grandes grupos: cereais e leguminosas. O Quadro 2.2 apresenta alguns exemplos de cada grupo.

Quadro 2.2 » Divisão dos grãos

Cereais	• Arroz • Trigo • Milho • Aveia • Centeio • Cevada • Sorgo
Leguminosas	• Feijão • Soja • Amendoim • Tremoço • Lentilha

Alguns autores, incluindo a classificação do Instituto Brasileiro de Geografia e Estatística (IBGE), ainda dividem os grãos em um terceiro grupo: as oleaginosas, das quais podem ser extraídos óleos. Nessa categoria, encontram-se a semente de algodão, a soja, o amendoim, o girassol, o gergelim, o milho, entre outros. Observe que alguns deles também podem ser considerados cereais (milho) ou leguminosas (amendoim e soja) (BARUFALDI; OLIVEIRA, 1998; GAVA, 1998; INSTITUTO BRASILEIRO DE GEOGRAFIA E ESTATÍSTICA, 2012).

Frutas

A definição de fruta é diferente de acordo com o ponto de vista, se botânico ou comercial. Na definição botânica, fruto é o produto do desenvolvimento das flores de angiospermas. Para a tecnologia de alimentos, no entanto, a definição que se aplica é a comercial.

Do ponto de vista comercial, a fruta pode derivar de várias estruturas de uma planta e alguns frutos não são considerados frutas, como, por exemplo, o tomate e o pepino. As frutas podem ser classificadas, segundo a região de origem, como de clima temperado, subtropical e tropical. O Quadro 2.3 apresenta alguns exemplos de frutas.

Figura 2.2 Frutas.
Fonte: iStock/Thinkstock.

Quadro 2.3 » **Exemplos de frutas segundo a região de origem**

Frutas de clima tropical	• Abacaxi • Banana • Caju • Carambola • Mamão • Manga • Maracujá
Frutas de clima subtropical	• Abacate • Azeitona • Kiwi • Laranja • Lima • Limão • Mandarina • Pomelo • Tangerina

Hortaliças

A hortaliça pode ser definida como o produto da olericultura, ramo da horticultura que trata da produção econômica e racional de plantas hortaliças ou olerícolas.

As hortaliças podem ser derivadas de uma grande variedade de estruturas de plantas e não representam um grupo botânico específico. As hortaliças podem ser divididas em três grupos principais (Quadro 2.4).

Figura 2.3 Hortaliças.
Fonte: iStock/Thinkstock.

Quadro 2.4 » **Divisão das hortaliças**

Grupo 1	• Sementes (feijão-verde) • Vagens (ervilha-torta)
Grupo 2	• Bulbos (cebola, alho) • Raízes tuberosas (rabanete, batata-doce, mandioca, cenoura, beterraba, nabo) • Tubérculos (inhame, batata)
Grupo 3	• Flores (couve-flor) • Caules (palmito) • Folhas (alface, repolho)

» **DICA**
As principais hortaliças comercializadas no Brasil são tomate, batata, cebola, cenoura, batata-doce, inhame e alho.

Plantas aromáticas e especiarias

Neste grupo, estão incluídos os vegetais utilizados principalmente como aromatizantes e condimentos dos alimentos preparados, como, por exemplo, açafrão, cúrcuma, louro, mostarda, baunilha, canela, cravo, gengibre, entre outros.

Figura 2.4 Plantas aromáticas e especiarias.
Fonte: iStock/Thinkstock.

Outros

Existem as matérias-primas sacarínicas, utilizadas para a obtenção de sacarose, sendo estas a cana-de-açúcar (caule) e a beterraba (raiz tuberosa, também considerada uma hortaliça). Outros tipos de matérias-primas vegetais usadas na indústria de alimentos são coco, castanhas, amêndoas, cacau, etc.

Figura 2.5 Outro tipos de matérias-primas de origem vegetal.
Fonte: iStock/Thinkstock.

Matérias-primas de origem animal
As matérias-primas de origem animal mais utilizadas são definidas a seguir.

Carnes
A carne pode ser definida como tecidos animais adequados para utilização como alimento. As espécies mais consumidas de carne provêm de bovinos, ovinos, suínos, caprinos e aves. Desses animais, são utilizados ainda miúdos, gorduras, óleos e sangue.

Leite
O leite pode ser definido como o produto integral, não alterado nem adulterado e sem colostro, procedente da ordenha higiênica de fêmeas domésticas saudáveis e bem alimentadas.

A maior parte do leite produzido provém de vacas, mas também podem ser usadas ovelhas, cabras e búfalas. Diversos produtos são obtidos utilizando essa matéria-prima, sendo os principais os leites desidratados, leites fermentados, cremes, manteiga e queijos.

> ## » CURIOSIDADE
>
> A adição de água ao leite é um tipo de adulteração relatada há muito tempo, e é realizada geralmente com o propósito de aumentar o rendimento do leite. Atualmente, a Agência Nacional de Vigilância Sanitária (ANVISA) e o Ministério da Agricultura vêm relatando outros tipos de adulterações, incluindo a adição de substâncias para "mascarar" a adição de água (como, p.ex., ureia). Para informações sobre a fraude no leite no RS, acesse o ambiente virtual de aprendizagem Tekne: **www.grupoa.com.br/tekne**. Acessando o AVA, você ainda terá acesso ao informe técnico nº 53 da Anvisa, que versa sobre os riscos à saúde das substâncias ureia e formol e sua adição ao leite, e aprenderá métodos para identificar a aguagem do leite.

Pescados

Os pescados compreendem os peixes, crustáceos, moluscos, alguns mamíferos e anfíbios. Algumas espécies de peixes cultivados no Brasil são:

- Tilápia
- Carpa
- Pintado
- Pacu
- Tambaqui
- Truta
- Bagre
- Jundiá

De crustáceos, tem-se o camarão de água doce e de água salgada. De moluscos, as ostras, vieiras e mexilhões. A rã é o anfíbio mais consumido no Brasil.

Ovos

Os ovos são matérias-primas que consistem em estruturas reprodutivas, não fecundadas, das fêmeas de aves e répteis.

Segundo a legislação brasileira, considera-se simplesmente ovo aquele ovo de galinha em casca, sendo os demais tipos acompanhados da indicação da espécie de que procedem (p.ex., ovo de codorna) (BRASIL, 1990).

Mel

Entende-se por mel o produto alimentício produzido pelas abelhas melíferas, a partir do néctar das flores (mel floral), ou de exsudados das plantas ou de excreções de insetos sugadores de partes vivas de plantas (melato), que as abelhas recolhem, transformam, combinam com substâncias específicas próprias, armazenam e deixam madurar nos favos da colmeia.

O mel é composto principalmente por açúcares (frutose, glicose, sacarose), contendo também pequenas quantidades de proteínas, sais minerais, ácidos orgânicos e substâncias aromáticas.

»» Tipos de indústrias alimentícias

A finalidade da indústria de alimentos é transformar as matérias-primas alimentares em produtos adequados para o consumo humano e de longa vida de prateleira, utilizando, para isso, processos físicos, químicos e biológicos. A industrialização de alimentos é indispensável nos dias atuais e apresenta uma série de vantagens:

- Maior tempo de vida útil, melhor rendimento no aproveitamento, na padronização, no consumo e no armazenamento dos produtos alimentícios.
- Melhoria das qualidades organolépticas (sabor, aroma e consistência) e preservação dos valores nutricionais.
- Obtenção de sabores especiais em produtos modificados por processamentos de dessecação, salga e defumação (frutas, bacalhau, carne seca, carne defumada).
- Produtos especializados para uso na dietética infantil e adulta.
- Expansão da elaboração de produtos tradicionais de certas regiões (queijos, vinhos).
- Presença no mercado de produtos fora de época de safra ou originados de regiões longínquas.
- Universalização dos padrões alimentares.
- Uso da biotecnologia (micro-organismos e enzimas) para mudança intencional de caracteres organolépticos (produtos fermentados, curtidos).
- Modificações estruturais por adição ou supressão de nutrientes.
- Fabricação de produtos coadjuvantes utilizados como integrantes de preparações culinárias.
- Abreviação do tempo de preparação culinária dos produtos.
- Acondicionamento adequado em embalagens rígidas ou flexíveis.

- Relativo baixo preço, considerando a fácil obtenção no comércio, segurança, variedade e apresentação dos produtos.
- Utilização dos resíduos de valor econômico para reemprego na alimentação e aproveitamento em produtos de outras áreas industriais.

Não é fácil classificar os diferentes tipos de indústrias relacionadas com os alimentos. Uma possível classificação dos diferentes setores da indústria de alimentos é mostrada no Quadro 2.5.

Quadro 2.5 » Classificação dos setores da indústria de alimentos

Tipos de indústrias alimentícias	Alimentos
Açúcares e similares	Sacarose (açúcar comum), frutose, glicose, xaropes, dextrinas, mel, melado, etc.
Bebidas	Alcoólicas (cerveja, vinho, uísque, cachaça, etc.) e não alcoólicas (águas, refrigerantes, sucos, chá, café, etc.)
Carnes e derivados	Carne bovina, suína, ovina, aves, embutidos, etc.
Cereais e derivados	Farinhas, massas, pães, bolos, cereais matinais, etc.
Congelados	Diversos produtos congelados não enquadrados nas demais categorias.
Frutas e derivados	Frutas em conserva, desidratadas, polpas congeladas, doces de fruta, geleias, etc.
Hortaliças e derivados	Hortaliças em conserva, congeladas, desidratadas, picles, etc.
Laticínios	Leites, iogurtes, queijos, etc.
Molhos e condimentos	Especiarias, molhos para salada, vinagre, mostardas, maioneses, etc.
Óleos e gorduras	Óleos vegetais, azeites, margarinas, halvarinas, etc.
Ovos e derivados	Ovo integral, pasteurizado, em pó, etc.
Pescados e outros produtos marinhos	Pescados, frutos do mar, algas, etc.
Produtos de confeitaria	Balas, bombons, chocolate, etc.
Rações	Ração para gatos, cachorros, pássaros, etc.
Sopas e caldos	Caldos, sopas desidratadas, concentradas, em lata.
Outros	Ingredientes especiais (amidos, pectina, aditivos diversos), sal, alimentos para bebês, demais categorias.

É possível observar que existem diversos tipos de indústrias alimentícias, as quais poderiam ser classificadas de diferentes formas. Uma mesma indústria, muitas vezes, utiliza uma ampla diversidade de matérias-primas. Além disso, é comum que produtos e subprodutos fabricados por uma indústria sejam utilizados como matéria-prima por outras.

›› Prática: classificação de matérias-primas e tipos de indústrias

›› Introdução

O primeiro passo ao estudar tecnologia de alimentos é conhecer as matérias-primas com as quais os alimentos são produzidos. Para cada uma das matérias-primas, existem diferentes processos que levarão à produção dos mais diversos produtos alimentícios existentes no mercado. Sugere-se que essa prática seja a primeira a ser realizada, pois apresenta uma visão geral das matérias-primas e dos tipos de indústrias do setor alimentício.

›› Objetivos

- Identificar o principal ingrediente utilizado na elaboração de um alimento.
- Pesquisar a principal matéria-prima do alimento.
- Classificar a matéria-prima segundo a origem e o tipo.
- Inferir o tipo de indústria alimentícia envolvido na elaboração do produto.

›› Materiais

Colocar em cima de uma bancada diversos gêneros alimentícios, em suas embalagens originais, sugerindo-se os seguintes: arroz, aipim descascado e congelado (ou refrigerado), ervilha em lata, espaguetes, farinha de milho, frango empanado congelado, geleia de uva (ou de outra fruta), hambúrguer bovino congelado, iogurte natural ou de fruta, leite (pasteurizado ou UHT), linguiça (frescal ou calabresa), maçã desidratada, manteiga, margarina, mel, orégano, ovos, pão, pepino em conserva, pescado fresco, presunto, refresco em pó, sal, sopa desidratada, suco de laranja pasteurizado, vinagre de maçã e vinho.

» Procedimentos

- Ler as informações contidas no rótulo do produto, principalmente a lista de ingredientes.
- Lembrar-se de que a ordem na qual são listados os ingredientes segue do ingrediente presente em maior quantidade ao de menor quantidade.
- Ter em mãos a lista com os tipos de matérias-primas e de indústrias alimentícias.
- Desenhar uma tabela como a ilustrada abaixo, preenchendo-a da seguinte forma:
    1. Identificar o ingrediente principal utilizado na elaboração do produto.
    2. Identificar a matéria-prima utilizada na elaboração do principal ingrediente.
    3. Classificar a matéria-prima quanto à origem e ao tipo.
    4. Identificar qual o tipo de indústria responsável pela elaboração do produto.

wWWo

> » **NO SITE**
> Acesse o ambiente virtual de aprendizagem Tekne para fazer as atividades relacionadas ao conteúdo discutido neste capítulo.

Tabela 2.1 » **Classificação dos alimentos**

Produto	Ingrediente principal	Matéria-prima principal	Origem da matéria-prima principal	Tipo de matéria-prima principal	Tipo de indústria
Palmito em conserva	Palmito	Palmito	Vegetal	Legume	Hortaliças
Iogurte de morango	Leite	Leite	Animal	Leite	Laticínios
...					

Agora é a sua vez!

1. Cite algumas dificuldades que você encontrou no preenchimento da Tabela 2.1.
2. Escolha um produto de origem animal e outro de origem vegetal e apresente o seu fluxograma de processamento.
3. Escolha um produto e indique quais as informações que constam no rótulo do produto. Quais dessas informações você costuma olhar antes de comprar um alimento?

RESUMO

Neste capítulo, foram abordadas as matérias-primas utilizadas na produção de alimentos e a importância de sua qualidade. Vimos que podem ser de origem vegetal (como cereais, frutas e hortaliças), animal (como carnes, leites e ovos), minerais (como sal e água) ou sintéticas (algumas usadas como aditivos).

Os diferentes tipos de indústrias alimentícias processam as matérias-primas obtendo os mais diversos produtos. Vimos também uma possível classificação desse tipo de indústria e o quanto são numerosas, refletindo a grande gama de produtos alimentícios existentes hoje.

REFERÊNCIAS

ASSOCIAÇÃO BRASILEIRA DE INDÚSTRIAS ALIMENTÍCIAS. [Site]. São Paulo: ABIA, [20--]. Disponível em: < www.abia.org.br>. Acesso em: 23 set. 2014.

BARUFALDI, R.; OLIVEIRA, M.N. *Fundamentos de tecnologia de alimentos*. São Paulo: Atheneu, 1998.

BRASIL. Decreto-Lei n. 986, de 21 de outubro de 1969. Institui normas básicas sobre alimentos. Brasília: Casa Civil, 1969. Disponível em: < http://www.planalto.gov.br/ccivil_03/decreto-lei/Del0986.htm>. Acesso em: 23 set. 2014.

BRASIL. Ministério da Agricultura, Pecuária e Abastecimento. Portaria n. 1, de 21 de fevereiro de 1990. Normas gerais de inspeção de ovos e derivados. Brasília: MAPA, 1990. Disponível em: < http://www.avisite.com.br/legislacao/anexos/PORTARIA%20MAPA%2001_90_normas%20gerais%20inspe%C3%A7%C3%A3o%20ovos%20e%20derivados.pdf>. Acesso em: 23 set. 2014.

EVANGELISTA, J. *Tecnologia de alimentos*. 2.ed. São Paulo: Atheneu, 2003.

GAVA, A. J. *Princípios de tecnologia de alimentos*. São Paulo: Nobel, 1998.

INSTITUTO BRASILEIRO DE GEOGRAFIA E ESTATÍSTICA. *Produção agrícola municipal*: culturas temporárias e permanentes 2012. Rio de Janeiro: IBGE, 2012. v. 39. Disponível em: ftp://ftp.ibge.gov.br/Producao_Agricola/Producao_Agricola_Municipal_[anual]/2012/pam2012.pdf>. Acesso em: 24 set. 2014.

KOBLITZ, M. G. B.. *Matérias-primas alimentícias*: composição e controle de qualidade. Rio de Janeiro: Guanabara Koogan, 2011.

capítulo 3

Reações de importância em alimentos

Os alimentos estão sujeitos a diversas alterações: algumas são benéficas; outras, não. Neste capítulo, veremos alguns tipos de reações que alteram beneficamente os alimentos e quais são as alterações que os deterioram.

Objetivos de aprendizagem

» Avaliar algumas reações de importância em alimentos.

» Reconhecer alguns micro-organismos, bactérias e fungos deteriorantes de alimentos.

» Estudar as reações de escurecimento enzimático e não enzimático.

» Verificar a rancidez em alimentos gordurosos.

>> Introdução

Os alimentos são sistemas complexos, que possuem nutrientes, substratos e reagentes diferentes, possibilitando o desencadeamento de diversas reações, além do desenvolvimento de micro-organismos. Dessa forma, as reações que ocorrem nos alimentos podem ser benéficas ao produto final, como, por exemplo, uma reação não enzimática em produtos de panificação.

Há também as reações indesejáveis, como o escurecimento enzimático ou a rancidez oxidativa, que alteram as propriedades organolépticas dos alimentos. Neste capítulo, serão abordados os aspectos relativos às reações que ocorrem nos alimentos.

>> Deterioração provocada por micro-organismos

A deterioração provocada por micro-organismos pode ser classificada como bacteriana ou fúngica. Ela está diretamente relacionada ao fato de os alimentos possuírem quantidade suficiente de nutrientes e metabólitos, que servirão de substrato para o crescimento de bactérias e fungos (leveduras e mofos).

>> Deterioração fúngica

Os micro-organismos que deterioram os alimentos acarretam alterações sensoriais, impedindo o consumo do alimento contaminado. Na maioria das vezes, os alimentos deteriorados possuem cor e sabor alterados, cheiro desagradável, superfície pegajosa ou presença visível de mofo. Os fungos crescem principalmente quando há algumas condições específicas, como:

- Potencial hidrogeniônico (pH) ácido
- Atividade de água (Aw) inferior a 0,94
- Temperatura entre 25 e 28°C
- Substrato rico em carboidratos

Os micro-organismos necessitam de água para sobreviver. Especificamente, para a manutenção de seu metabolismo e sua multiplicação, é necessária a presença de água na forma disponível. A Figura 3.1 mostra alguns exemplos de deterioração nos alimentos causada por contaminação de fungos, os quais são visíveis a olho nu.

>> **DEFINIÇÃO**
A Aw de um alimento mede a água que está disponível para a atividade microbiológica, enzimática ou química. Tecnicamente, a atividade de água de um alimento pode ser estimada como a relação existente entre a pressão de vapor de água no alimento (P) e a pressão de vapor da água pura (P_0) a uma dada temperatura.

Figura 3.1 A) Laranja deteriorada por fungo. B) e C) Pães deteriorados por fungo.
Fonte: iStock/Thinkstock.

> » **IMPORTANTE**
> Cabe lembrar (da Microbiologia) que os fungos podem ser classificados como leveduras (fungos unicelulares) ou mofos (também chamados bolores, sendo fungos filamentosos).

O Quadro 3.1 mostra alguns exemplos de fungos e os produtos que podem ser deteriorados por eles.

Quadro 3.1 » **Fungos deteriorantes de produtos alimentícios**

Fungo	Produtos alimentícios
Aspergillus versicolor (bolor)	Pães e produtos lácteos
Aspergillus flavus (bolor)	Cereais e castanhas
Aspergillus glaucus (bolor)	Trigo, milho, cevada, soja, arroz, aveia
Botrytis cinérea (bolor)	Frutas
Fusarium oxysporum (bolor)	Cereais
Penicillium spp. (bolor)	Frutas e cereais
Saccharomyces spp. (versicolor)	Refrigerantes, geleias, mel, leite, manteiga

Fonte: Adaptado de Jay (2005).

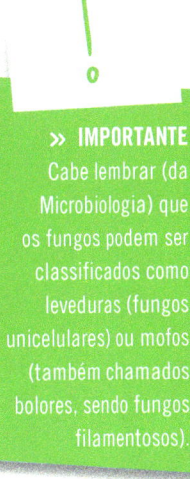

> » **DICA**
> A levedura *Saccharomyces cerevisiae*, utilizada na produção de cerveja, é considerada um micro-organismo deteriorante quando presente em sucos de frutas ou bebidas carbonatadas.

» Deterioração bacteriana

A deterioração dos produtos alimentícios por bactérias ocorre devido ao desenvolvimento desses micro-organismos nos alimentos. Na maioria das vezes, não é possível visualizar a contaminação (como ocorre com os bolores), mas a deterioração bacteriana modifica a composição química dos produtos alimentícios. Assim, acaba por alterar as propriedades organolépticas dos produtos, sendo perceptível ao paladar e olfato.

Um exemplo da deterioração de alimentos por bactérias é a formação de biofilme na sua superfície, alterando a viscosidade de carnes e embutidos. O Quadro 3.2 apresenta algumas bactérias que causam a deterioração de alimentos.

Em geral, os alimentos deteriorados também perdem o seu valor nutritivo, já que os micro-organismos, ao se multiplicarem, utilizam ou alteram os nutrientes.

> **» DEFINIÇÃO**
> A **putrefação** é a decomposição anaeróbia de proteínas com produção de compostos de aroma desagradável devido à formação de ácido sulfídrico, indol, putrescina, etc.

Quadro 3.2 » Bactérias deteriorantes de produtos alimentícios

Bactéria	Alteração	Alimento
Lactobacillus lactis	Aroma de caramelo ou queimado	Leite
Pseudomonas	Aroma e sabor de rancificação	Leite
Pseudomonas	Limosidade na superfície Odor alterado	Aves, presunto
Proteus	Aroma e sabor de rancificação	Ovos, carnes, pescado e aves
Serratia	Produz pigmentos de coloração rosa e vermelho	Pães, carnes, ovos, pescado
Erwinia	Algumas espécies produzem pigmentos na coloração amarela	Frutas e hortaliças
Clostridium	Acidificação devido ao acúmulo de ácidos orgânicos Putrefação	Carnes
Acinetobacter	Alteração na cor da gema	Ovos

Fonte: Adaptado de Jay (2005).

Reações de escurecimento não enzimático

Os alimentos podem sofrer reações de escurecimento provocadas por reações oxidativas e não oxidativas. Entre as reações não oxidativas, encontram-se a caramelização e a reação de Maillard, as quais são especificadas a seguir. Como exemplo de reação oxidativa, cita-se a degradação do ácido ascórbico (vitamina C).

Caramelização

A caramelização é uma reação não oxidativa que ocorre durante o aquecimento de carboidratos, resultando na sua degradação. O aquecimento acarreta a quebra das ligações glicosídicas, originando novas reações e formando polímeros insaturados, denominados caramelos (Figura 3.2).

» CURIOSIDADE

O **caramelo** é caracterizado como um corante de coloração marrom que pode agir também como flavorizante. Os caramelos obtidos a temperaturas entre 130 a 200°C necessitam de catalisadores e são utilizados geralmente como corantes. Já os caramelos obtidos a temperaturas entre 200 e 240°C não utilizam catalisadores e são utilizados geralmente como flavorizantes.

Figura 3.2 Caramelo.
Fonte: iStock/Thinkstock.

Reação de Maillard

A reação de Maillard também é conhecida como escurecimento não enzimático (Figura 3.3). Essa reação ocorre quando há interação de grupos amina de aminoácidos, peptídeos e proteínas com um aldeído (açúcar redutor), resultando sempre na degradação dos carboidratos (açúcares) com formação de pigmento escuro. A intensidade dessas reações depende da quantidade e do tipo de carboidrato presente. Os açúcares redutores são:

- Glicose
- Frutose
- Galactose
- Maltose
- Lactose

Figura 3.3 Reação de Maillard.
Fonte: Araújo (1999).

> » **DEFINIÇÃO**
> As **melanoidinas** são polímeros insaturados cuja cor varia de acordo com seu peso molecular, indo de marrom-claro até preto.

O açúcar utilizado na reação de Maillard é um açúcar redutor. Os produtos de degradação gerados durante a reação formam novos compostos escuros e de alto peso molecular, os quais contêm nitrogênio em sua molécula, recebendo o nome de melanoidinas. Há ainda a formação de produtos voláteis responsáveis pelo aroma característico.

A reação de Maillard é desejável em diversos alimentos, como, por exemplo, doce de leite, pães e café (Figura 3.4). Nesses casos, além de propiciar sabor agradável, confere aroma ao produto (devido aos aldeídos e às cetonas) e cor característica (devido às melanoidinas), agradando os consumidores.

Figura 3.4 A) Doce de leite. B) Pães. C) Grãos de café torrado.
Fonte: iStock/Thinkstock.

No entanto, a reação de Maillard não é desejável em alimentos como leite em pó, ovos e derivados desidratados. Nesses alimentos, a reação pode resultar em perda de aminoácidos e no desenvolvimento de sabor e aroma indesejáveis. Além disso, há compostos que advêm da reação de Maillard, como a acroleína e as aminas heterocíclicas aromáticas, que são prejudiciais à saúde humana.

A reação de Maillard ocorre em três fases, as quais irão definir sabor, aroma e coloração do produto final (Quadro 3.3).

Quadro 3.3 » Fases da reação de Maillard

Fase inicial	Ocorre uma reação entre açúcares redutores e aminoácidos, na proporção de 1:1, resultando em produtos ainda incolores, sem sabor e aroma.
Fase intermediária	A cor do produto se torna amarelada e já se percebem os aromas.
Fase final	Ocorre o desenvolvimento completo de cor, aroma e sabor. Os aminoácidos contribuem para definição do sabor e aroma, independentemente do tipo de açúcar redutor utilizado na reação.

Dentre os fatores que afetam a velocidade da reação de Maillard, estão:

- Temperatura
- pH
- Natureza do carboidrato
- Natureza do aminoácido
- Aw
- Catalisadores

Temperatura

Quanto maiores as temperaturas utilizadas no processamento dos alimentos, maior será a velocidade de escurecimento não enzimático. As temperaturas acima de 70°C são preferíveis para a reação de Maillard, no entanto, a reação também ocorre a 20°C.

Potencial hidrogeniônico (pH)

O pH influencia a reação de Maillard, sendo a velocidade máxima da reação próxima à neutralidade (pH entre 6,0 e 8,0). Em meio ácido, a reação é inibida. Em meio básico, ocorre a degradação de carboidratos, independentemente da presença de aminoácidos. Em valores de pH abaixo de 5,0 (ácido) e na presença de ácido ascórbico, ocorre outra reação de escurecimento, a oxidação do ácido ascórbico (vitami-

> **» CURIOSIDADE**
> A reação de Maillard é lenta a temperaturas baixas e sua velocidade praticamente duplica a cada aumento de 10°C a partir de 40° até 70°C, ou seja, o armazenamento dos alimentos sob refrigeração diminui a velocidade da reação de Maillard. Portanto, os alimentos congelados são pouco afetados por ela.

na C). Essa reação é importante, por exemplo, em sucos de frutas ácidas ricas em vitamina C, como o limão e a laranja.

Natureza do carboidrato

O carboidrato utilizado na reação de Maillard deve ser um açúcar redutor, sendo a carbonila a parte reativa que reage com o grupo amina livre. A reatividade é determinada pela natureza do açúcar, em que as pentoses são mais reativas do que as hexoses e que os dissacarídeos. Salienta-se que os dissacarídeos não redutores (como a sacarose) só podem ser utilizados na reação após a ligação glicosídica ser hidrolisada.

Natureza do aminoácido

Assim como os carboidratos, a estrutura da molécula dos aminoácidos também determina a velocidade da reação de Maillard. Entre os aminoácidos, na ordem decrescente, citam-se:
- Aminoácido básico (lisina)
- Aminoácido ácido (glutâmico)
- Aminoácido neutro (glicina)

Atividade de água

A reação de Maillard tem sua velocidade diminuída em Aw maiores do que 0,9, devido à diluição dos reagentes. Em Aw menores do que 0,2, a velocidade da reação de Maillard tende a zero devido à ausência de solvente, pois é ele que permite que íons e moléculas se movimentem e se encontrem para que a reação ocorra. A maior velocidade da reação, ou seja, um maior escurecimento ocorre em valores de Aw intermediários, entre 0,5 e 0,8.

Catalisadores

Os catalisadores aumentam a velocidade das reações por diminuirem sua energia de ativação. Na reação de Maillard, alguns ânions (como o citrato e o fosfato) e íons metálicos (como o cobre bivalente), em meio ácido, podem acelerar a reação de Maillard. Cabe ressaltar que podem estar presentes em diversos alimentos.

> **» DICA**
> A reação de Maillard é útil quando os produtos da reação tornam os alimentos mais aceitáveis devido à alteração de cor e sabor produzidos. É prejudicial quando os produtos da reação tornam os alimentos escuros e com sabores indesejáveis e quando ocorre a perda de aminoácidos.

» Reações de escurecimento enzimático

A reação de escurecimento enzimático pode ser observada em frutas e vegetais, como, por exemplo, maçãs e batatas, quando há ruptura da célula. Essa reação ocorre em alimentos ricos em compostos fenólicos na presença de oxigênio por meio da enzima polifenoloxidase (PPO), originando polímeros visíveis de coloração característica.

A quinona é o produto inicial da oxidação e se condensa rapidamente, formando pigmentos escuros insolúveis denominados **melaninas**. Essa reação geralmente acarreta mudanças indesejáveis nos alimentos, como escurecimento, alteração do aroma e diminuição do valor nutricional. Como consequência, há a diminuição do valor do produto.

Apesar de ser uma reação quase sempre indesejável, na indústria de alimentos, o escurecimento enzimático pode ser utilizado em alguns casos de forma positiva, como, por exemplo, na maturação de tâmaras, na secagem de grãos de cacau e no desenvolvimento de seu aroma.

Existem algumas maneiras de evitar o escurecimento enzimático, como:

- Diminuir o pH, o qual inativa a enzima responsável pelo escurecimento (pH ≤ 4,0).
- Utilizar água quente ou vapor (branqueamento) a fim de inativar a enzima.
- Adicionar substâncias redutoras que inibam a ação da PPO ou previnam a formação de melanina (como ácido ascórbico e sulfitos).
- Eliminar o oxigênio por meio da utilização de embalagem a vácuo ou atmosfera modificada.

O escurecimento enzimático é responsável:

- por cerca de 50% das perdas de frutas tropicais;
- pela formação de pigmentos escuros;
- pela diminuição da vida útil dos alimentos;
- pela diminuição do valor nutritivo;
- por prejuízos na aparência dos vegetais e frutas;
- pela diminuição no valor de mercado.

A enzima PPO é encontrada praticamente em todos os tecidos vegetais, mas apresenta-se em concentrações especialmente altas em cogumelo, batata, pêssego, maçã, banana, manga e abacate. Em função da especificidade de vários substratos, a enzima PPO é, às vezes, denominada tirosinase, polifenolase, fenolase, catecoloxidase, catecolase e cresolase.

Rancidez em alimentos gordurosos

Os lipídios são formados por uma mistura de tri, di e monoacilgliceróis, ácidos graxos livres, glicolipídios, fosfolipídios, esteróis e outras substâncias. Em diferentes

> **DEFINIÇÃO**
> Os **compostos fenólicos** são metabólitos secundários de plantas, que apresentam hidroxilas e anéis aromáticos, indo de moléculas simples a compostos poliméricos complexos, e que podem ser oxidados na presença de oxigênio.

> **CURIOSIDADE**
> As frutas e os vegetais também podem apresentar escurecimento quando, por exemplo, há inibição da respiração durante o armazenamento em atmosfera controlada, sem que haja ruptura de tecido.

> **DICA**
> O aumento da temperatura aumenta a velocidade de reação enzimática dentro de certos limites. Após chegar a uma determinada velocidade de reação, ela diminui até tender a zero. Ressalta-se que grande parte das enzimas é inativada a 100°C.

graus, pode ocorrer a oxidação desses lipídios, sendo que as estruturas mais suscetíveis à oxidação são os ácidos graxos.

A oxidação dos lipídios causa o desenvolvimento de sabores e odores indesejáveis, tornando os alimentos impróprios para o consumo. A oxidação pode ainda acarretar a degradação de vitaminas lipossolúveis e de ácidos graxos essenciais, além da formação de radicais livres que são prejudiciais para a saúde.

Além da oxidação (conhecida como rancidez oxidativa), os lipídios podem sofrer lipólise (ou rancidez hidrolítica) que consiste na hidrólise das ligações éster.

>> Rancidez hidrolítica

A reação hidrolítica dos triglicerídeos também é conhecida como rancidez hidrolítica ou lipólise. Consiste na hidrólise das ligações ésteres dos lipídeos, sendo catalisada pelas lipases (enzimas) ou pela ação de calor e umidade, liberando os ácidos graxos. A rancidez hidrolítica altera a qualidade das gorduras, resultando no desenvolvimento de sabor e odor indesejáveis.

A gordura do leite e de seus derivados é muito sucetível à rancidez hidrolítica, pois contém lipases. Quando essa reação ocorre em produtos lácteos, há liberação de ácido butírico, o que altera as propriedades organolépticas desses alimentos. De forma prática, as lipases são responsáveis pelo ranço hidrolítico, provocando:

- Sabor de sabão
- Aumento da acidez
- Aumento da sensibilidade dos ácidos graxos à oxidação

A fim de controlar essa reação, pode ser utilizado um tratamento térmico para inativar a enzima. Além disso, pode-se eliminar água do alimento ou utilizar baixas temperaturas.

>> Rancidez oxidativa

A rancidez oxidativa (também conhecida como auto-oxidação) é a principal responsável pela deterioração de alimentos ricos em lipídios. Envolve uma série muito complexa de reações químicas que ocorre entre os ácidos graxos insaturados dos lipídios e o oxigênio atmosférico. É uma reação que ocorre em três estágios (iniciação, propagação e terminação), conforme apresentado na Figura 3.5.

Na etapa de iniciação, ocorre a formação de um pequeno número de moléculas de ácidos graxos muito reativos que possuem elétrons não pareados (os radicais livres, mostrados como R* na figura). Esses radicais livres têm vida muito curta e são altamente reativos. Nas reações de propagação, são formados radicas peróxi (ROO• na figura) por meio da reação com o oxigênio atmosférico. Eles também são altamente reativos e reagem com outros ácidos graxos insaturados, produzindo

$$\text{Iniciação:} \quad R_1H \longrightarrow R_1^\bullet + H^\bullet$$

$$\text{Propagação:} \quad R_1^\bullet + O_1 \longrightarrow R_1OO^\bullet$$
$$R_1OO^\bullet + R_2H \longrightarrow R_2^\bullet + R_1OOH$$

$$\text{Terminação:} \quad R_1^\bullet + R_2^\bullet \longrightarrow R1\text{--}R2$$
$$R_2^\bullet + R_1OO^\bullet \longrightarrow R_1OOR_2$$
$$R_1OO^\bullet + R_2OO^\bullet \longrightarrow R_1OOR_2 + O_2$$

Figura 3.5 Estágios da rancidez oxidativa.
Fonte: Ordoñez et al. (2005).

hidroperóxidos (ROOH) e outro radical livre (R$^\bullet$), prosseguindo a reação. Quando a concentração de radicais livres é elevada, eles começam a reagir entre si, formando produtos estáveis (etapa de terminação).

Ao final das reações, o alimento apresentará alterações de aroma, sabor, cor e consistência. Os radicais livres também reagem com as proteínas, diminuindo sua solubilidade e seu valor biológico. Em termos nutricionais, a rancidez oxidativa pode também levar à degradação de ácidos graxos poli-insaturados essênciais e de vitaminas lipossolúveis.

O aumento da quantidade de radicais livres em um óleo de fritura é mais elevado do que em alimentos armazenados ou processados em temperaturas moderadas. Várias determinações analíticas são realizadas para avaliar o estado de oxidação de uma gordura, sendo muito utilizado o índice de peróxido nas fases iniciais da rancidez.

> **» DEFINIÇÃO**
> O **índice de peróxido** é a medida do teor de oxigênio reativo, o qual indica o grau de oxidação da gordura, medido por meio da quantidade de iodo liberado na análise. A quantidade de peróxido existente está relacionada ao grau de oxidação do óleo, porém, nas fases finais da rancidez, isso não se aplica, pois os peróxidos se decompõem rapidamente.

» Prática: deterioração de alimentos provocada por micro-organismos

» Introdução

A deterioração de alimentos por micro-organismos é um fator importante, por isso deve ser observada e controlada no processamento e armazenamento de alimentos. Os micro-organismos, bactérias e fungos podem deteriorar os alimentos, deixando-os inadequados ao consumo.

» Objetivos

- Verificar experimentalmente a deterioração de alimentos pela ação de bactérias.
- Verificar experimentalmente a deterioração de alimentos pela ação de fungos.

» Materiais, equipamentos e reagentes necessários

- Três fatias de presunto
- Três fatias de pão branco
- Seis sacos plásticos

» Procedimentos

- Colocar cada fatia de presunto em um saco plástico.
- Colocar cada fatia de pão em um saco plástico.
- Registrar a data de início do experimento e horário.
- Armazenar em local fresco e arejado.
- Analisar os resultados utilizando a Tabela 3.1 diariamente.
- Olhar no microscópio.

» DICA
Essa prática pode ser realizada utilizando-se os mesmos procedimentos, mas expondo as amostras à temperatura de refrigeração e à temperatura de congelamento. Nesse caso, deve-se aumentar o tempo de observação. Compare os resultados obtidos.

Tabela 3.1 » Resultados obtidos por meio da observação diária

Tempo (dia)	Amostras					
	Presunto 1	Presunto 2	Presunto 3	Pão 1	Pão 2	Pão 3
0						
1						
2						
3						
4						
5						
6						
7						
8						
9						
10						

Agora é a sua vez!

1. Cite algumas dificuldades que você encontrou no decorrer da prática.
2. Você já identificou algum alimento contaminado em sua casa?
3. Em sua opinião, qual é o micro-organismo que contaminou o presunto e o pão?
4. Qual é a prática que a indústria de alimentos utiliza para retardar a deterioração de alimentos por fungos ou bactérias?

Prática: reação de Maillard

Introdução

A reação de Maillard é uma reação de escurecimento não enzimático que pode ocorrer em alimentos na presença de um açúcar redutor e um aminoácido em meio favorável.

Objetivo

Verificar experimentalmente a reação de Maillard no leite com diferentes carboidratos.

Materiais, equipamentos e reagentes necessários

- Duas placas de Petri
- Leite em pó
- Sacarose
- Glicose
- Água destilada
- Estufa

❯❯ Procedimentos

- Identificar duas placas de Petri: uma para glicose e outra para sacarose.
- Pesar 10g de leite em pó em cada uma das placas de Petri.
- Adicionar 5g de sacarose e 10mL de água destilada na placa de Petri identificada com "sacarose".
- Homogeneizar bem.
- Adicionar, na placa identificada com "glicose", 5g de glicose e 10mL de água destilada.
- Homogeneizar bem.
- Colocar as placas de Petri em estufa a 80°C.
- Observar, após 120 minutos, a cor e o aroma de cada placa.
- Anotar e comparar os resultados.

❯❯ Agora é a sua vez!

1. Cite algumas dificuldades que você encontrou no decorrer da prática.
2. A reação de Maillard aconteceu em ambas as amostras? Justifique sua resposta.

❯❯ Prática: escurecimento enzimático

❯❯ Introdução

A reação de escurecimento enzimático em frutas e vegetais é um grande problema para a indústria de alimentos. Na produção de frutas tropicais, há uma grande perda devido à PPO. A ação dessa enzima resulta na formação de pigmentos escuros, frequentemente acompanhados de mudanças indesejáveis na aparência e nas propriedades organolépticas do produto.

>> Objetivos

- Verificar experimentalmente o escurecimento enzimático em alimentos vegetais não processados.
- Utilizar algumas técnicas e recursos para evitar o escurecimento enzimático.

>> Materiais, equipamentos e reagentes necessários

- Solução de bissulfito de sódio ($NaHSO_3$) a 2ppm
- Solução de ácido cítrico 0,001N (pH 3,0)
- Solução de ácido cítrico 0,01N (pH 2,5)
- Solução de ácido cítrico 0,05N (pH 2,0)
- Solução de ácido cítrico 0,1N (pH 1,5)
- Solução de ácido cítrico 0,2N (pH 1,0)
- Suco de limão
- Béqueres
- Banho-maria
- Estufa
- Refrigerador

>> Procedimentos

- Descascar as amostras (maçã ou pera) e cortá-las em cubos de aproximadamente 1 a 1,5cm de aresta, colocando-os imediatamente em água à temperatura ambiente para evitar o seu escurecimento.
- Preparar os padrões:
  1. Submergir um cubo em água destilada e colocá-lo na geladeira (amostra padrão).
  2. Colocar um cubo submerso em água destilada à temperatura ambiente.
  3. Colocar um cubo exposto ao ar à temperatura ambiente.
  4. Colocar um cubo dentro da estufa a 40°C, durante 30 minutos.
  5. Esmagar ou ralar um cubo e colocar na estufa a 40°C, durante 30 minutos.
  6. Registrar a temperatura ambiente, a temperatura da estufa e a temperatura do interior do refrigerador.

>> Avaliação da ação do ácido cítrico

- Colocar cinco cubos em cada béquer contendo as diferentes concentrações de ácido cítrico e o suco de limão e começar simultaneamente a contagem do tempo.

- Retirar um cubo após 1 minuto, identificando-o.
- Cortar o cubo ao meio e colocá-lo na estufa a 40°C, durante 30 minutos.
- Retirar um cubo após 2 minutos, identificando-o.
- Cortar o cubo ao meio e colocá-lo na estufa a 40°C, durante 30 minutos.
- Retirar um cubo após 4 minutos, identificando-o.
- Cortar o cubo ao meio e colocá-lo na estufa a 40°C, durante 30 minutos.
- Retirar um cubo após 6 minutos, identificando-o.
- Cortar o cubo ao meio e colocá-lo na estufa a 40°C, durante 30 minutos.
- Retirar um cubo após 10 minutos, identificando-o.
- Cortar o cubo ao meio e colocá-lo na estufa a 40°C, durante 30 minutos.
- Analisar os resultados utilizando a Tabela 3.2.

Tabela 3.2 » **Resultados obtidos após tratamento com ácido cítrico**

Tempo (min)	Solução de ácido cítrico					
	0,001N pH 3,0	0,01N pH 2,5	0,05N pH 2,0	0,10N pH 1,5	0,2N pH 1,0	Suco de limão
0						
1						
2						
3						
4						
10						

» Avaliação da ação do bissulfito

- Colocar seis cubos em béquer contendo a solução de bissulfito (2ppm) e começar simultaneamente a contagem do tempo.
- Retirar um cubo após 30 segundos, identificando-o.
- Cortar o cubo ao meio e colocá-lo na estufa a 40°C, durante 30 minutos.
- Retirar um cubo após 1 minuto, identificando-o.
- Cortar o cubo ao meio e colocá-lo na estufa a 40°C, durante 30 minutos.
- Retirar um cubo após 2 minutos, identificando-o.
- Cortar o cubo ao meio e colocá-lo na estufa a 40°C, durante 30 minutos.
- Retirar um cubo após 4 minutos, identificando-o.
- Cortar o cubo ao meio e colocá-lo na estufa a 40°C, durante 30 minutos.
- Retirar um cubo após 6 minutos, identificando-o.
- Cortar o cubo ao meio e colocá-lo na estufa a 40°C, durante 30 minutos.
- Retirar um cubo após 10 minutos, identificando-o.
- Cortar o cubo ao meio e colocá-lo na estufa a 40°C, durante 30 minutos.
- Analisar os resultados utilizando a Tabela 3.3.

Tabela 3.3 » **Resultados obtidos após tratamento com um agente redutor**

Tempo (min)	Resultado
0	
0,5	
1	
2	
4	
6	
10	

» Avaliação da ação da temperatura

- Utilizar três béqueres com aproximadamente 200mL de água destilada nas seguintes temperaturas: 80°C (banho-maria), 90°C (chapa aquecedora) e 100°C (fogão), esperando chegar à respectiva temperatura.
- Em cada béquer, colocar cinco cubos e começar simultaneamente a contagem do tempo.
- Retirar um cubo após 1 minuto e colocá-lo no vidro identificado (temperatura e tempo).
- Cortar o cubo ao meio e colocá-lo na estufa a 40°C, durante 30 minutos.
- Retirar um cubo após 2 minutos e colocá-lo no vidro identificado (temperatura e tempo).
- Cortar o cubo ao meio e colocá-lo na estufa a 40°C, durante 30 minutos.
- Retirar um cubo após 4 minutos e colocá-lo no vidro identificado (temperatura e tempo).
- Cortar o cubo ao meio e colocá-lo na estufa a 40°C, durante 30 minutos.
- Retirar um cubo após 6 minutos e colocá-lo no vidro identificado (temperatura e tempo).
- Cortar o cubo ao meio e colocá-lo na estufa a 40°C, durante 30 minutos.
- Retirar um cubo após 10 minutos e colocá-lo no vidro identificado (temperatura e tempo).
- Cortar o cubo ao meio e colocá-lo na estufa a 40°C, durante 30 minutos.
- Analisar os resultados utilizando a Tabela 3.4.

Tabela 3.4 » **Resultados obtidos após tratamento térmico**

Tempo (min)	Temperatura (°C)		
	80	90	100
0			
1			
2			
4			
6			
10			

»» Agora é a sua vez!

Analise os resultados em cada caso e explique o acontecido. Em todos os casos, considere o tempo zero como a cor da amostra-padrão (submersa em água destilada e armazenada na geladeira).

»» Prática: índice de peróxido

»» Introdução

O grau de oxidação do óleo pode ser medido por meio da quantificação do índice de peróxido existente no óleo. Como resultado será obtido um valor referente à rancidez oxidativa do alimento.

»» Materiais, equipamentos e reagentes necessários

- Frasco de Erlenmeyer com tampa esmerilhada de 125mL
- Bureta de 25 ou 50mL
- Pipeta graduada de 20mL e 1mL

- Proveta
- Suporte de ferro universal
- Garra metálica para bureta
- Espátula metálica
- Solução de tiossulfato de sódio a 0,1N
- Amido solúvel 1%
- Solução de ácido acético-clorofórmio (3:2) v/v
- Solução saturada de iodeto de potássio
- Óleo de várias frituras
- Óleo novo

>> Procedimentos

- Óleo de várias frituras:
  1. Pesar 5g da amostra (óleo de várias frituras) em um Erlenmeyer de 125mL.
  2. Adicionar 30mL da solução de ácido acético-clorofórmio (3:2) v/v e agitar até a dissolução da amostra.
  3. Adicionar 0,5mL da solução saturada de iodeto de potássio e deixar em repouso ao abrigo da luz por exatamente 1 minuto.
  4. Adicionar 30mL de água e titular com solução de tiossulfato de sódio a 0,1N com constante agitação.
  5. Continuar a titulação até que a coloração amarela tenha quase desaparecido.
  6. Adicionar 0,5mL de solução de amido indicadora e continuar até o completo desaparecimento da coloração azul.
- Óleo novo:
  1. Pesar 5g da amostra (óleo novo) em um Erlenmeyer de 125mL.
  2. Adicionar 30mL da solução de ácido acético-clorofórmio (3:2) v/v e agitar até a dissolução da amostra.
  3. Adicionar 0,5mL da solução saturada de iodeto de potássio e deixar em repouso ao abrigo da luz por exatamente 1 minuto.
  4. Adicionar 30mL de água e titular com solução de tiossulfato de sódio a 0,1N com constante agitação.
  5. Continuar a titulação até que a coloração amarela tenha quase desaparecido.
  6. Adicionar 0,5mL de solução de amido indicadora e continuar até o completo desaparecimento da coloração azul.
  7. Preparar uma prova em branco nas mesmas condições.

» NO SITE

Acesse o ambiente virtual de aprendizagem para fazer as atividades relacionadas ao que foi discutido neste capítulo: www.grupoa.com.br/tekne.

» Cálculos

Índice de peróxido em

$$\frac{mEq}{1.000 \text{ g amostra}} = \frac{(A-B) \times N \times F \times 1.000}{P}$$

Onde:

A = quantidade em mL da solução de tiossulfato de sódio a 0,1N gasto na titulação da amostra.

B = quantidade em mL da solução de tiossulfato de sódio a 0,1N gasto na titulação da prova em branco.

N = normalidade da solução de tiossulfato de sódio.

F = fator da solução de tiossulfato de sódio.

P = peso em gramas da amostra.

» Agora é a sua vez!

1. Discuta o que significa o índice de peróxido encontrado.
2. Compare os resultados obtidos para o óleo novo e o óleo de várias frituras.

» RESUMO

Neste capítulo, vimos que a deterioração de alimentos por micro-organismos é um fator importante e, por isso, deve ser observada e controlada no processamento e armazenamento de alimentos. Os micro-organismos, bactérias e fungos podem deteriorar os alimentos, deixando-os inadequados ao consumo. Foram vistos também alguns tipos de reações químicas e bioquímicas que podem alterar os alimentos.

REFERÊNCIAS

ARAÚJO, J. M. A. *Química de alimentos*: teoria e prática. 5.ed. Viçosa: UFV, 2011.

COULTATE, T. P. *Alimentos*: a química de seus componentes. 3. ed. Porto Alegre: Artmed, 2004.

DAMODARAM, S.; PARKIN, K. L.; FENNEMA, O. R. *Química de alimentos de Fennema*. 4. ed. Porto Alegre: Artmed, 2010.

INSTITUTO ADOLFO LUTZ. *Métodos químicos e físicos para análise de alimentos*. 4. ed. São Paulo: Instituto Adolfo Lutz, 2008.

JAY, J. M. *Microbiologia de alimentos*. 6. ed. Porto Alegre: Artmed, 2005.

MACEDO, G. A.; PASTORE, G. M., SATO, H. H.; PARK, Y. K. *Bioquímica experimental de alimentos*. São Paulo: Livraria Varela, 2005.

ORDOÑEZ, J. A. et al. *Tecnologia de alimentos*. Porto Alegre: Artmed, 2005. v. 1.

RIBEIRO, E. P.; SERAVALLI, E. A. G. *Química de alimentos*. 2. ed. São Paulo: Blucher, 2007.

SHIBAO, J.; BASTOS, D. H. M. Produtos da reação de Maillard em alimentos: implicações para a saúde. *Revista de Nutrição*, v. 24, n. 6, p. 895-904, nov./dez., 2011. Disponível em: <http://www.scielo.br/scielo.php?pid=S1415-52732011000600010&script=sci_arttext>. Acesso em: 23set. 2014.

WENZEL, G. E. *Bioquímica experimental dos alimentos*. São Leopoldo: Unisinos, 2003.

capítulo 4

Métodos de conservação dos alimentos

Os alimentos estão sujeitos a diversas reações de deterioração, o que torna necessária a utilização de métodos para conservá-los e torná-los seguros para o consumo. Neste capítulo, abordaremos a influência de diferentes fatores nas reações de deterioração e as formas que a indústria alimentícia utiliza para tornar os alimentos seguros para consumo e aumentar sua vida de prateleira.

Objetivos de aprendizagem

- Explicar os fatores que influenciam as reações de deterioração dos alimentos.
- Reconhecer os principais métodos de conservação utilizados em alimentos.
- Identificar os diferentes métodos de conservação de alimentos comercializados.

>> Introdução

Muitos alimentos, principalmente os de origem animal, são altamente perecíveis em função de seus nutrientes, da Aw elevada e do pH, o que favorece o desenvolvimento de micro-organismos. No entanto, além dos micro-organismos, existem outros agentes de deterioração dos alimentos que podem ter efeitos importantes na vida de prateleira e que também podem ser controlados.

O tempo que um alimento leva para se deteriorar depende de seus componentes (fatores intrínsecos ao alimento) e de fatores externos (ou extrínsecos), que irão influenciar na velocidade em que ocorrerão as reações de deterioração dos alimentos. Conhecer essas reações e a influência dos fatores intrínsecos e extrínsecos é a base para compreender os métodos de conservação dos alimentos.

>> Reações de deterioração

As reações de deterioração dos alimentos podem ser classificadas em três categorias: as provocadas por micro-organismos, por reações químicas e por reações enzimáticas (Quadro 4.1). As principais reações de deterioração foram abordadas no Capítulo 3.

Quadro 4.1 >> Reações de deterioração dos alimentos

Ação dos micro-organismos	• Bactérias • Leveduras • Bolores

Reações químicas não enzimáticas	• Rancidez oxidativa (oxidação de lipídios)
	• Reações de escurecimento não enzimático:
	  – reação de Maillard
	  – oxidação da vitamina C
	  – caramelização

Reações enzimáticas	• Escurecimento enzimático (ação de polifenoloxidases e peroxidases) • Rancidez hidrolítica ou lipólise (ação das lipases) • Proteólise (ação das proteases) • Outras (ação das pectinases, lipoxigenases, etc.)

Cabe destacar que algumas dessas reações de deterioração podem ser desejáveis. Por exemplo, a reação de Maillard é utilizada para produzir o doce de leite. A reação de caramelização acontece durante o aquecimento de açúcares e é quase sempre provocada e desejada em alimentos (para mais detalhes, veja o Capítulo 3).

A ação de enzimas como as proteases e as lipases pode ser desejada em queijos, por exemplo, provocando o desenvolvimento de sabores e texturas características. A influência dos fatores externos (Figura 4.1) nessas reações de deterioração é resumida a seguir, junto com as possíveis estratégias para evitar ou diminuir o seu efeito nos alimentos.

> **» PARA SABER MAIS**
> A reação de Maillard e a caramelização são reações de escurecimento não enzimático que, muitas vezes, são desejáveis em alimentos. No entanto, em alguns casos, podem ser indesejáveis (principalmente a reação de Maillard). A rancidez hidrolítica pode ser ocasionada pelas lipases presentes, mas também pode ser ocasionada pela ação química (ácidos e bases). Consulte o Capítulo 3 para saber mais.

Figura 4.1 Fatores que influenciam na deterioração dos alimentos.
UR: Umidade relativa. T: Temperatura. O_2: Oxigênio.
Fonte: Autoras.

» Influência dos esforços mecânicos

Os esforços mecânicos (como golpes e amassamento provocados por descuidos dos manipuladores, acidentes ou falhas no armazenamento) podem ocasionar a ruptura de tecidos, facilitando a ação dos micro-organismos e das enzimas.

Para minimizar esses problemas, deve-se manipular os alimentos com cuidado, utilizar embalagens com materiais mais resistentes e realizar o armazenamento adequado a fim de evitar o peso excessivo sobre os produtos (Figura 4.2).

A)   B)

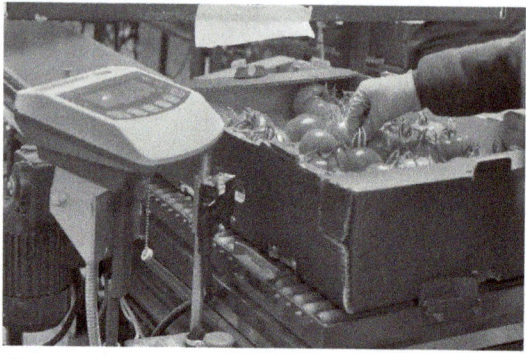

Figura 4.2 Cuidados durante manuseio e armazenamento dos alimentos, evitando danos mecânicos.
Fonte: iStock/Thinkstock.

» Influência da luz

A luz é um conjunto de radiações eletromagnéticas de diferentes comprimentos de onda. Desse conjunto, as de menor comprimento são as que possuem maior capacidade energética, e que, portanto, têm maior capacidade de prover a energia necessária para originar uma série de reações químicas indesejáveis nos alimentos.

Assim, cita-se a oxidação de lipídios, fenômeno fortemente ativado pela luz e que, por sua vez, causa a perda de vitaminas A e E. A luz também induz a reações que trazem como consequência as perdas de vitaminas C e B2, além da destruição de alguns pigmentos. Como estratégias para minimizar os danos provocados pela luz, são utilizadas embalagens opacas ou que protejam os alimentos da exposição à luz.

Alguns materiais transmitem tanto a luz visível como a ultravioleta (UV) em intensidade semelhante (p.ex., o polietileno de baixa densidade), já outros transmitem a luz visível, mas absorvem a luz UV (como o cloreto de polivinilideno). As embalagens utilizadas em alimentos serão vistas no Capítulo 9.

> **» DICA**
> A quantidade de luz absorvida ou transmitida varia de acordo com o material com que é fabricada a embalagem e com o comprimento de onda da luz que incide sobre ela.

» Influência da temperatura

A temperatura na qual o alimento é processado e estocado é muito importante na sua vida de prateleira. Visto que as reações de deterioração dependem das leis básicas da termodinâmica, a temperatura influencia a velocidade de todas essas reações.

Como foi visto no Capítulo 1, no caso de reações catalisadas por enzimas, o aumento da temperatura aumentará a velocidade da reação enzimática até chegar a um ótimo, após o qual a velocidade diminui até ser igual a zero. Cabe destacar que a maioria das enzimas apresenta uma temperatura ótima de ação próxima a 40°C e são inativadas a temperaturas de 100°C.

A temperatura tem forte influência no desenvolvimento de micro-organismos. Os micro-organismos possuem uma temperatura ótima de crescimento que varia dependendo do tipo, sendo que se costuma classificar os micro-organismos de importância em alimentos em três grupos (Quadro 4.2).

Quadro 4.2 » Classificação dos micro-organismos de importância em alimentos

Psicrotróficos	• Crescem bem em temperaturas de 7°C ou menos (portanto, crescem sob refrigeração). • Sua temperatura ótima é entre 20°C e 30°C.
Mesófilos	• Crescem bem em temperaturas entre 20°C e 45°C. • Sua temperatura ótima é entre 30°C e 40°C.
Termófilos	• Crescem bem a 45°C ou mais. • Sua temperatura ótima de crescimento é entre 55°C e 65°C.

> **» CURIOSIDADE**
> Os psicrófilos são microrganismos que podem se multiplicar abaixo de 0°C e até 20°C, com temperatura ótima entre 10°C e 15°C, e raramente causam problemas à maioria das indústrias de alimentos. Os microrganismos envolvidos em problemas para a qualidade e segurança de alimentos refrigerados são os classificados como psicrotróficos.

A Figura 4.3 apresenta a influência da temperatura e do tempo no crescimento de bactérias. Para minimizar a velocidade de desenvolvimento dos micro-organismos, em muitos casos, utiliza-se o armazenamento sob refrigeração ou congelamento.

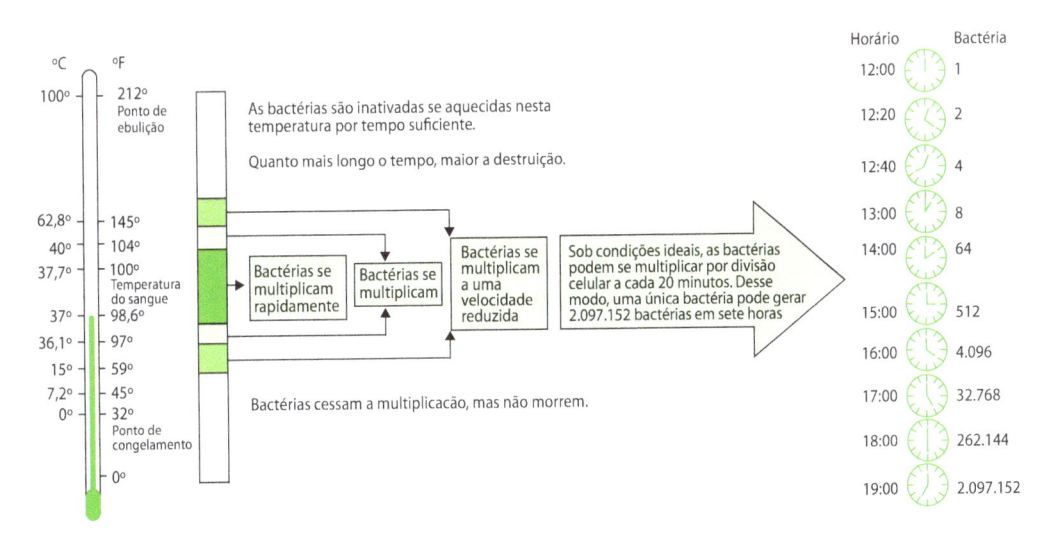

Figura 4.3 Efeito da temperatura e do tempo sobre o crescimento de bactérias. Temperaturas seguras e perigosas para alimentos.
Fonte: Jay (2005).

> **IMPORTANTE**
> No caso de frutas, é importante lembrar que as de origem tropical e subtropical sofrem dano pelo frio ao serem submetidas a temperaturas abaixo de 10°C, produzindo perda de cor interna, amolecimento da textura externa, perda de sabor e maturação irregular.

❯❯ Influência do oxigênio

O oxigênio é outro fator que interfere em diversas reações de deterioração. A quantidade total de oxigênio e sua concentração influenciam nos seguintes fenômenos:

- Desenvolvimento de micro-organismos
- Respiração de frutas e vegetais
- Oxidação de lipídios (rancidez oxidativa)
- Deterioração oxidativa das proteínas
- Oxidação da vitamina C (tipo de escurecimento não enzimático)
- Reações catalisadas pelas enzimas lipoxigenase e polifenoloxidase

Em relação aos micro-organismos, cabe lembrar que, dependendo do tipo de micro-organismo, as necessidades de oxigênio variam muito, podendo ser classificados de acordo com o Quadro 4.3.

Quadro 4.3 ❯❯ **Classificação de micro-organismos**

Aeróbios obrigatórios	Só crescem na presença de oxigênio
Aeróbios facultativos	Crescem melhor com oxigênio, mas conseguem se desenvolver sem
Anaeróbios obrigatórios	Só se desenvolvem na ausência de oxigênio
Anaeróbios aerotolerantes	Crescem melhor sem oxigênio, mas conseguem se desenvolver na sua presença
Microaerófilos	Desenvolvem-se em uma concentração específica de oxigênio

Assim, o ideal é ter concentrações de oxigênio maiores do que 3% (para não favorecer a proliferação de micro-organismos anaeróbios) e menores do que 16% (para minimizar a proliferação de micro-organismos aeróbios). As estratégias para minimizar a influência do oxigênio em alimentos compreendem a utilização de embalagem a vácuo, embalagem em atmosfera modificada ou uso de atmosfera controlada em câmaras de armazenamento.

❯❯ Influência da umidade relativa

Na ausência de uma barreira que isole o alimento do meio ambiente ou na presença de uma barreira permeável ao vapor de água, a umidade relativa do ambiente é o fator que determina o ganho ou a perda de água no alimento. Um dos fatores intrínsecos que possui maior importância na velocidade de deterioração do alimento é a Aw.

>> Influência da atividade de água

Até aqui foram mencionados fatores extrínsecos de importância na conservação dos alimentos. Considerando agora os fatores intrínsecos dos alimentos, um dos mais importantes que interferem na velocidade de deterioração do alimento é a Aw.

A definição de Aw foi vista no Capítulo 3. Sua influência nas reações de deterioração dos alimentos é ilustrada na Figura 4.4. Os valores de Aw mínimos para iniciar o crescimento dos micro-organismos variam dependendo do tipo e também das demais condições do meio. De forma geral, pode-se dizer que as bactérias precisam de atividades de água maiores (superiores a 0,9), seguidas das leveduras e dos mofos.

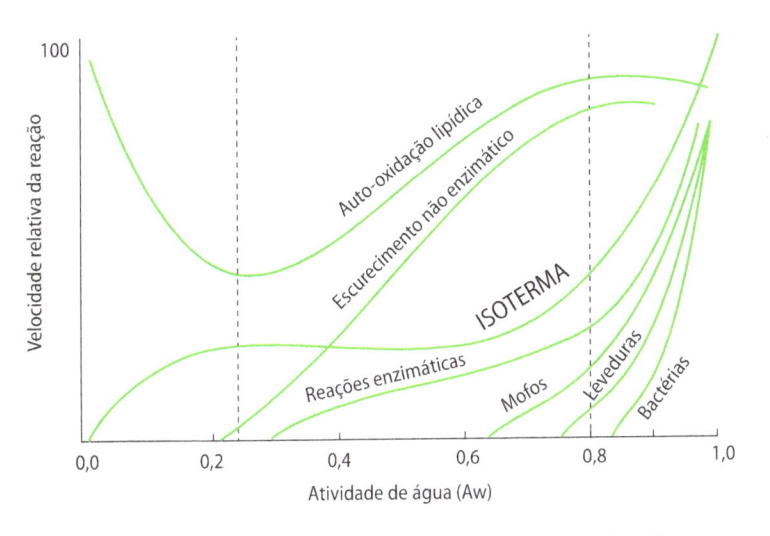

> **>> DICA**
> O teor de umidade de um alimento é importante, porém não é suficiente para predizer sua estabilidade, visto que alguns alimentos são instáveis com baixo teor de umidade, enquanto outros são estáveis com teores relativamente altos. O mais importante é a disponibilidade da água para atividade microbiana, reações químicas e enzimáticas. Essa disponibilidade é medida pela Aw do alimento (ou pressão de vapor relativa).

Figura 4.4 Influência da Aw na velocidade de deterioração dos alimentos.
Fonte: Ordoñez et al. (2005).

De forma geral, pode-se observar que, à medida que aumenta a Aw, aumenta a velocidade das reações de deterioração. No entanto, para Aw muito elevadas, a velocidade das reações enzimáticas e de escurecimento não enzimático diminui levemente por causa da diluição dos reagentes. Um comportamento atípico é observado para a rancidez oxidativa (auto-oxidação lipídica), na qual, em valores de Aw muito baixos (abaixo de 0,3), tem-se um aumento importante da velocidade ao diminuir a Aw.

> **>> PARA REFLETIR**
> Qual seria o valor de Aw aproximado em que os alimentos são mais estáveis? Que alimentos possuem essa Aw?

» Influência do pH

O pH do alimento interfere também na sua conservação, visto que influencia na velocidade de reações enzimáticas e no desenvolvimento de micro-organismos. As enzimas apresentam pH ótimo de ação de forma similar ao que acontece com a temperatura. Em relação aos micro-organismos, a maioria deles cresce melhor com valores de pH próximos à neutralidade (6,5 a 7,5), apesar de alguns poucos conseguirem se multiplicar em pH abaixo de 4,0.

A Figura 4.5 apresenta as faixas de pH aproximadas de crescimento de micro-organismos de importância em alimentos, podendo-se observar que as bactérias são mais exigentes em termos de pH do que mofos e leveduras (que se desenvolvem em faixas mais amplas). Observe que a bactéria *Clostridium botulinum* se desenvolve em pH acima de 4,5. Essa informação será importante na seção "Conservação pelo uso do calor".

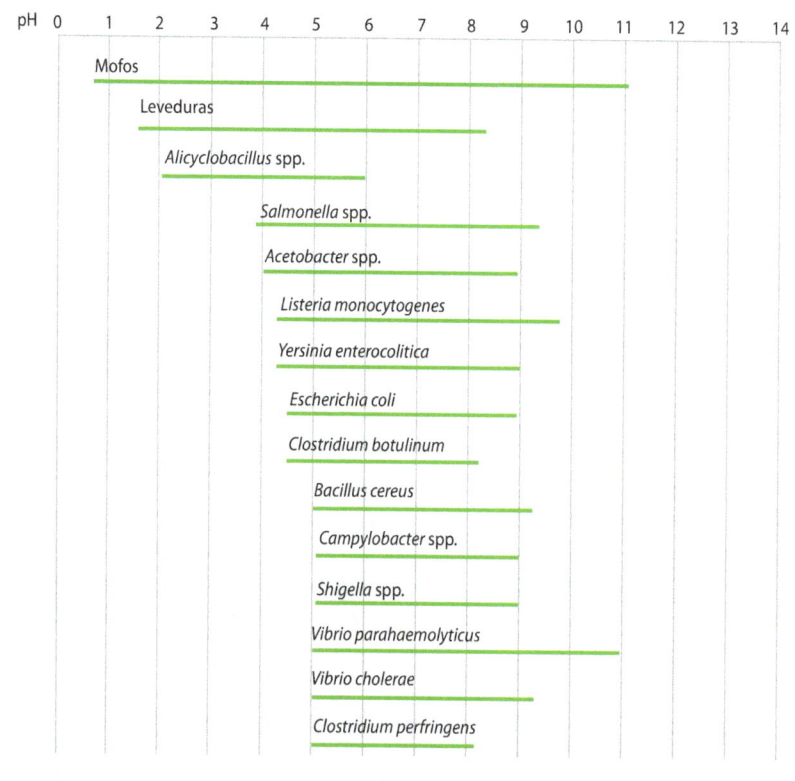

Figura 4.5 Faixa aproximada de pH de crescimento de alguns micro-organismos encontrados em alimentos.
Fonte: Jay (2005).

» Influência de outros fatores

Outros fatores intrínsecos ao alimento podem interferir na sua conservação, visto que influenciam no desenvolvimento dos micro-organismos, como:

- Conteúdo de nutrientes (carboidratos, aminoácidos, vitaminas, etc.)
- Potencial de oxidorredução (ou potencial redox) do alimento (que interfere no desenvolvimento dos micro-organismos e está relacionado à concentração de oxigênio)
- Presença de substâncias antimicrobianas (como o eugenol no cravo ou a alicina no alho)
- Microbiota do alimento (p.ex., as bactérias láticas inibem o desenvolvimento de patógenos).

As estruturas biológicas – como cascas de sementes, nozes, frutas e ovos – também formam uma barreira mecânica que diminui a influência dos fatores externos e dificulta a contaminação microbiana, colaborando na preservação do alimento. Após abordar a influência dos diferentes fatores na conservação dos alimentos, serão verificadas as técnicas utilizadas para aumentar sua vida de prateleira.

» Métodos de conservação

Os métodos de conservação se baseiam não só na redução parcial ou total da ação dos elementos deterioradores, mas também na modificação ou eliminação de uma ou mais das condições imprescindíveis à vida microbiana, tornando o substrato um meio inadequado aos micro-organismos.

Os objetivos da conservação dos alimentos podem ser resumidos em oferecer ao consumidor produtos isentos de micro-organismos nocivos e de suas toxinas e em aumentar a vida de prateleira dos produtos, que deverão manter suas características durante o maior tempo possível. Os métodos de conservação mais utilizados são os que se baseiam nos seguintes princípios:

- Uso do frio
- Uso do calor
- Controle da Aw
- Controle do oxigênio
- Controle do pH
- Uso de aditivos

A Figura 4.6 apresenta os principais métodos de conservação utilizados em alimentos, que serão abordados a seguir.

> **» DEFINIÇÃO**
> A **conservação de alimentos** consiste especialmente em protegê-los contra a ação de micro-organismos, assegurando as características do seu estado original (manutenção das características químicas, sensoriais e nutricionais).

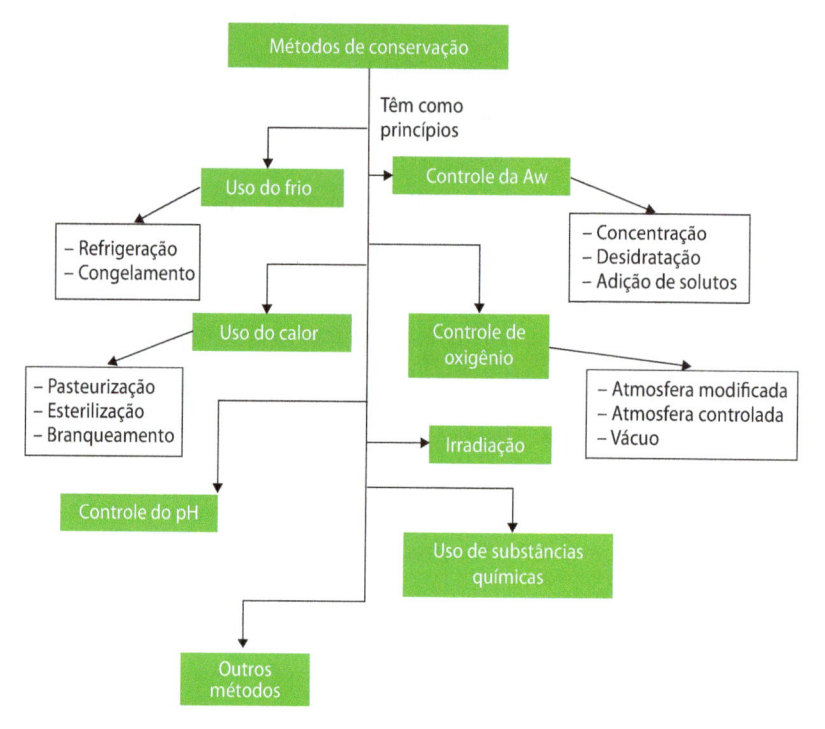

Figura 4.6 Principais métodos de conservação dos alimentos.
Fonte: Autoras.

» Conservação pelo uso do frio

Como citado, a temperatura de armazenamento influencia as reações de deterioração e, portanto, a vida de prateleira do produto. Existem dois métodos de conservação pelo uso do frio (remoção do calor): a refrigeração e o congelamento. A diferença básica entre eles é a temperatura utilizada, provocando, no caso do congelamento, uma mudança no estado físico da água.

Refrigeração

A refrigeração consiste na redução da temperatura e manutenção acima do ponto de congelamento do alimento, sendo as temperaturas mais utilizadas entre −1 e 8°C. A refrigeração retarda a velocidade:

- do desenvolvimento dos micro-organismos;
- das atividades metabólicas dos tecidos animais após o abate;
- das atividades metabólicas dos vegetais após a colheita;
- das reações químicas;
- das reações enzimáticas;
- das perdas de umidade.

No entanto, a refrigeração prolonga a vida útil por um período limitado (geralmente de alguns dias até algumas semanas). Em relação aos micro-organismos, deve-se considerar que os psicrotróficos deterioradores (como é o caso das bactérias do gênero *Pseudomonas*) são os principais causadores de alterações em alimentos refrigerados e que alguns patogênicos conseguem se multiplicar lentamente a partir dos 3°C:

- *Listeria monocytogenes*
- *Aeromonas hydrophila*
- *Clostridium botulinum*
- *Yersinia enterocolitica*
- *Vibrio parahaemolyticus*
- algumas cepas de *Escherichia coli* e *Bacillus cereus*

A refrigeração é considerada um método brando de conservação, sendo que gera pouco ou nenhum efeito nas características organolépticas, mantendo os alimentos frescos.

> » **DICA**
> Cada alimento tem uma temperatura de armazenamento ótima. Ela deve manter-se estável durante todo o armazenamento, transporte, comercialização e domicílio do consumidor.

Congelamento

No congelamento, utiliza-se uma redução de temperatura maior do que na refrigeração: abaixo do ponto de congelamento do alimento. Dessa forma, parte da água é imobilizada, com uma consequente diminuição da Aw, o que também ajuda a conservar o produto. As temperaturas utilizadas são iguais ou inferiores a −18°C, conseguindo-se um armazenamento a longo prazo.

O metabolismo celular é detido e não haverá multiplicação de micro-organismos, porém é importante destacar que eles (ou boa parte deles) não são inativados e que, durante e após o descongelamento, deverão ser tomados os cuidados necessários para que não aconteça sua proliferação.

Apesar de ser um método que mantém as características sensoriais e nutricionais dos alimentos, existem modificações indesejáveis, principalmente devido à formação de cristais de gelo. O tamanho desses cristais influencia a qualidade dos alimentos, sendo necessário evitar a formação de cristais grandes. Quanto mais rápido o congelamento, menor será o tamanho dos cristais (maior a tendência de formar um grande número de pequenos cristais de gelo).

A Figura 4.7 mostra as curvas típicas de congelamento de alimentos, realizado de forma lenta e rápida. Na zona crítica (temperaturas próximas a 0°C), pode-se ter um aumento na velocidade das reações, pois o efeito da concentração dos reagentes pode ser maior do que o efeito na diminuição da temperatura. Além disso, tem-se um aumento no tamanho dos cristais de gelo, devendo-se manter o alimento o menor tempo possível dentro desse intervalo.

Deve-se considerar que as reações químicas e enzimáticas podem avançar mesmo em velocidades muito baixas durante o armazenamento sob congelamento (visto que a vida de prateleira é grande, as mudanças podem ser consideráveis).

> » **IMPORTANTE**
> É importante também evitar flutuações de temperatura durante o armazenamento sob congelamento, pois isso aumenta o tamanho dos cristais de gelo existentes no produto.

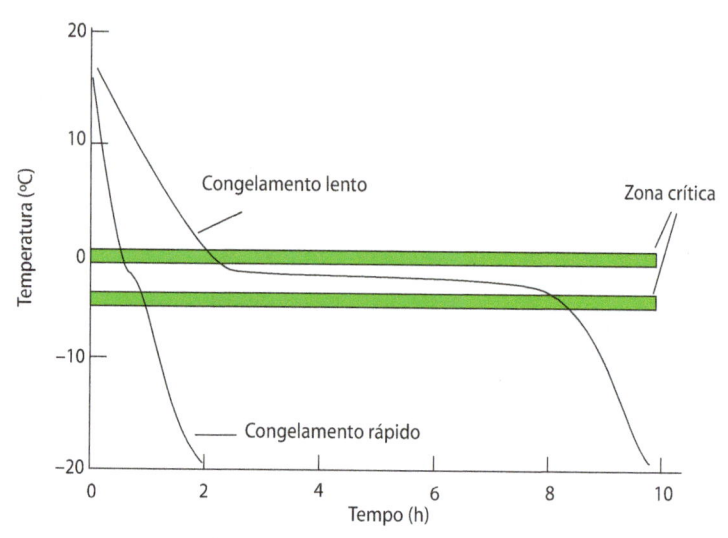

Figura 4.7 Curvas de congelamento lento e rápido de um alimento, mostrando a zona crítica.
Fonte: Fellows (2008).

» Conservação pelo uso do calor

A aplicação de calor aos alimentos é muito utilizada na obtenção de alimentos inócuos e com ampla vida de prateleira. O objetivo do tratamento térmico é a destruição de micro-organismos e/ou a inativação de enzimas.

A aplicação de calor aos alimentos apresenta como vantagens o fato de se poder controlar, de forma relativamente simples, as condições do processo e a capacidade de produzir alimentos com vida de prateleira prolongada e sem a necessidade de refrigeração (dependendo do tratamento e do produto).

Pode-se ainda citar a destruição de fatores antinutricionais (como inibidores de tripsina) e o aumento da disponibilidade de alguns nutrientes (como o aumento na digestibilidade de proteínas). O uso de calor também modifica características organolépticas e nutricionais de forma negativa. Por exemplo, podem ser perdidos nutrientes termolábeis (como algumas vitaminas), substâncias aromáticas responsáveis pelo aroma e pelo sabor e alterações em pigmentos, provocando mudanças na cor dos alimentos.

De forma geral, procuram-se utilizar binômios temperatura e tempo de tratamento térmico para minimizar os danos produzidos à qualidade do produto. O calor aplicado a um alimento durante o tratamento térmico (ou seja, o binômio tempo *versus* temperatura utilizado) irá depender dos micro-organismos patogênicos e deteriorantes existentes no produto, das enzimas indesejáveis presentes e da sensibilidade do produto ao tratamento térmico.

Diferentes micro-organismos e enzimas possuem resistência térmica distinta (e que podem variar também em função de outros parâmetros, como pH e umidade). A resistência ao tratamento térmico pode ser expressa pelos valores de D e z.

> **» DEFINIÇÃO**
> O **valor D**, ou tempo de redução decimal, é o tempo para destruir 90% dos micro-organismos a uma determinada temperatura. O **valor z**, ou constante de resistência térmica, é definido como o aumento da temperatura necessário para causar uma diminuição de 90% no valor de D. Os valores de D e z se aplicam também a enzimas e nutrientes.

Existem três modalidades principais de tratamentos térmicos de alimentos: pasteurização, esterilização e branqueamento. As principais características de cada tratamento e exemplos são apresentados no Quadro 4.4.

Quadro 4.4 » **Principais características dos tratamentos térmicos mais utilizados**

	Pasteurização	**Esterilização**	**Branqueamento**
Objetivos	Destruir os micro-organismos patogênicos não esporulados e reduzir significativamente os deteriorantes.	Destruir os micro-organismos incluindo os seus esporos.	Inativar enzimas deteriorantes no produto antes de realizar outro tratamento.
Temperaturas utilizadas	< 100°C	> 100°C	Entre 80 e 100°C aproximadamente.
Modalidades	*High Temperature Short Times* (HTST), *Low Temperature Long Times* (LTLT).	Realizada na embalagem: autoclavagem. Realizada antes de embalar: UHT (*Ultra High Temperature*).	Utilização de água quente ou vapor por alguns minutos e após resfriamento imediato.
Observações	É necessário um método combinado de conservação. Geralmente vida de prateleira curta. Não é necessária embalagem asséptica.	Não é necessário um método combinado de conservação. Vida de prateleira ampla. Necessária embalagem asséptica no caso de UHT.	Método utilizado como pré-tratamento e não como um método de preservação em si. Também reduz número de micro-organismos na superfície do produto. Amolece os tecidos vegetais (facilita enchimento e secagem). Remove o ar de espaços intracelulares.
Exemplos	Leite pasteurizado (geralmente comercializado em saquinho), vinagre, cerveja e iogurte.	Leite UHT (embalagem longa vida do tipo caixinha), suco de caixinha, ervilha ou milho em conserva.	Vegetais desidratados e vegetais congelados.

Pasteurização

A pasteurização visa destruir os micro-organismos patogênicos não esporulados e reduzir significativamente os deteriorantes, de modo a oferecer ao consumidor um produto seguro e com vida útil aceitável. Para isso, é necessário um método combinado de conservação (como refrigeração, controle do pH, etc.).

Em alimentos de baixa acidez (com pH > 4,5), a pasteurização é utilizada para minimizar riscos à saúde devido à presença de micro-organismos patogênicos e para aumentar a vida de prateleira por diversos dias pela diminuição no número de micro-organismos deteriorantes e inativação de algumas enzimas.

Em alimentos ácidos (com pH < 4,5), a pasteurização é utilizada para aumentar a vida útil por meses pela destruição de micro-organismos deteriorantes (nesse caso, bolores e leveduras) e ou pela inativação de enzimas.

» CURIOSIDADE

Existem bactérias esporuladas (ou seja, com a capacidade de formar esporos). Os esporos são estruturas de resistência da célula formadas em condições adversas (p.ex., altas temperaturas, baixa Aw, baixo pH, etc.). Os esporos são muito mais resistentes a tratamentos térmicos, radiações e agentes químicos.

Quando as condições voltam a ser propícias, os esporos germinam, dando lugar novamente às bactérias na forma vegetativa (na forma em que são capazes de se reproduzir e de produzir toxinas). Os esporos são, portanto, um importante problema na indústria de alimentos, sendo que os gêneros bacterianos mais relevantes são *Clostridium* e *Bacillus*.

> » **ATENÇÃO**
> O pH = 4,5, muitas vezes, é utilizado para definir o tipo de tratamento térmico a ser utilizado. Em alimentos com pH acima desse valor e meio anaeróbio, os esporos do *C. botulinum* conseguem se desenvolver (se o alimento apresentar Aw alta e for conservado em temperaturas que permitam a germinação dos esporos). Na forma vegetativa, essa bactéria produz uma toxina muito potente (a toxina botulínica), que pode causar a morte da pessoa que a consumir.

Esterilização

A esterilização visa destruir todos os micro-organismos, incluindo os seus esporos. Com isso, os alimentos alcançam uma vida de prateleira igual ou maior do que 6 meses à temperatura ambiente.

A esterilização utiliza temperaturas acima de 100°C e pode ser realizada após colocar o produto dentro da embalagem (em autoclaves, a temperaturas entre 110 e 125°C) ou antes, embalando-o depois de forma asséptica (por meio de aquecimento quase instantâneo à temperatura entre 130 e 150°C durante poucos segundos).

A maioria das enzimas é menos resistente termicamente do que os esporos, com exceção de algumas enzimas produzidas por bactérias psicrotróficas e que são importantes em leites. A Figura 4.8 mostra a utilização da pasteurização ou esterilização do alimento, dependendo do tipo de alimento.

Branqueamento

O branqueamento, ao contrário da pasteurização e da esterilização, tem como objetivo principal a inativação das enzimas presentes no alimento para que ele não sofra alterações em atributos como cor, aroma, sabor, textura e valor nutritivo. É normalmente aplicado a vegetais antes de congelamento, desidratação e enlatamento. O tratamento térmico, nesse caso, tem como vantagens:

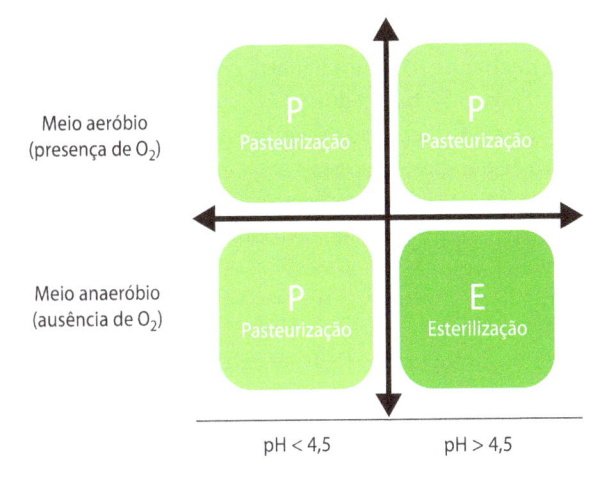

Figura 4.8 Pasteurização *versus* esterilização, considerando as características do alimento (pH e aerobiose) e condições que permitam o desenvolvimento do *C. botulinum* (temperatura, Aw, conservantes).
Fonte: Autoras.

- Ajudar na limpeza do alimento.
- Colaborar na redução da carga microbiana na superfície do produto.
- Eliminar ar e gases contidos nos tecidos vegetais.
- Amolecer os tecidos vegetais.
- Favorecer a fixação de cor de alguns pigmentos vegetais.

O branqueamento pode ser realizado por imersão em água quente por alguns minutos ou tratamento com vapor e resfriamento posterior imediato. Pode provocar alguns danos na qualidade sensorial e nutricional do alimento.

Conservação pelo controle da atividade de água

Visto que a Aw interfere na velocidade de todas as reações de deterioração dos alimentos, uma forma de conservar os alimentos é sua diminuição. Os métodos utilizados para diminuir a Aw dos alimentos são:

- Concentração (para alimentos líquidos)
- Desidratação:
  - secagem;
  - desidratação osmótica;
  - liofilização.
- Adição de solutos (pressão osmótica).

Concentração

Consiste em concentrar os alimentos líquidos por ebulição, aumentando a concentração dos sólidos totais para reduzir a Aw, contribuindo para a conservação. Implica também em uma redução do peso e do volume do alimento, o que facilita e diminui os custos de transporte e armazenamento. A concentração também pode ser usada antes da aplicação de outras operações, como a desidratação (p.ex., produção de leite em pó). Esse tratamento pode provocar a perda de aroma e modificações de cor indesejáveis.

Desidratação

A desidratação consiste em remover a maior parte da água presente no alimento até obter um teor de umidade geralmente menor do que 5%. Os objetivos da desidratação podem ser resumidos em:

- Aumentar a vida de prateleira (principal).
- Reduzir custos com embalagem (volume e peso do produto diminuem), transporte (volume e peso do produto diminuem) e armazenamento (além da redução do volume, tem-se a eliminação da necessidade de cadeia do frio).
- Facilitar o uso e diversificar a oferta de produtos.

Secagem

A secagem ao sol (Figura 4.9), apesar de ser uma operação com pouco controle (muito dependente das condições climáticas), é amplamente utilizada no mundo. De forma geral, a qualidade dos produtos obtidos é relativamente baixa, mas é um meio barato de conservação.

A secagem utilizando secadores permite um controle dos parâmetros importantes do processo: temperatura, velocidade e umidade relativa do ar de secagem, proporcionando produtos de maior qualidade, mas a um custo maior. Existem diversos tipos de secadores, incluindo secadores de leito fluidizado (com maiores taxas de secagem) e secadores atomizadores (*spray dryer*) utilizados para secagem de líquidos.

A)

B)

Figura 4.9 Método de secagem de alimentos ao sol: A) pescado e B) sementes de cacau.
Fonte: iStock/Thinkstock.

Considerando a secagem por ar em um secador, que a temperatura e a umidade do ar de secagem se mantêm constantes e que o calor é proporcionado ao alimento por convecção, podem-se ajustar as mudanças no conteúdo de umidade do alimento às curvas de secagem mostradas na Figura 4.10. Nelas, podem ser observadas a fase AB de estabilização (geralmente desprezível), o período de velocidade constante (fase BC) e o período de secagem em velocidade decrescente representada pela fase CD.

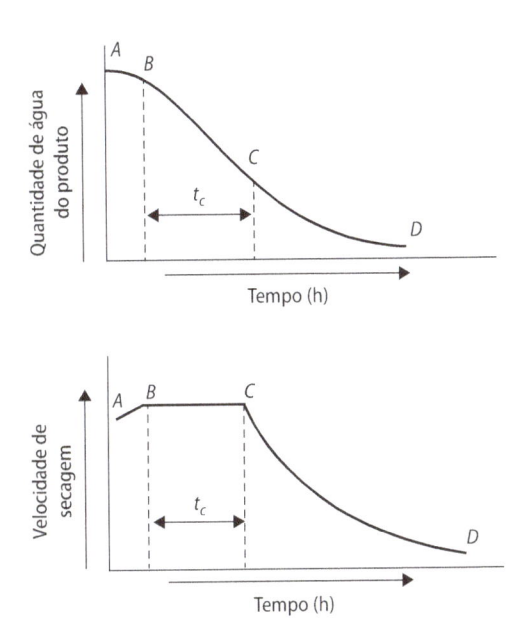

Figura 4.10 Curva de secagem de sólido úmido em ar a temperatura e pressão constantes.
Fonte: Ordoñez et al. (2005).

Desidratação osmótica

A desidratação osmótica consiste na imersão do alimento em soluções açucaradas ou salinas concentradas, ocasionando uma perda de água do alimento para a solução, mas também uma transferência de solutos para o alimento.

A desidratação tem como vantagens a possibilidade de utilizar temperaturas baixas (sem ocasionar danos pelo calor ao alimento e baixa necessidade energética), porém a remoção de umidade não é muito grande e, muitas vezes, é utilizada como um pré-tratamento.

Liofilização

Na liofilização, a água é removida por sublimação (passagem da água em estado sólido para gasoso), como pode ser observado no diagrama de fases da água

(Figura 4.11). Dessa forma, o alimento é primeiro congelado e depois, por meio da utilização de baixas pressões e pequenos aumentos de temperatura, a água é transformada em vapor e o alimento é desidratado.

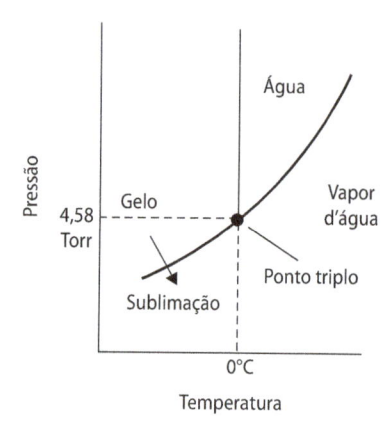

Figura 4.11 Diagrama de fases da água mostrando a sublimação do gelo.
Fonte: Fellows (2008).

Na liofilização, são obtidos alimentos de alta qualidade (mantendo características sensoriais e nutricionais), porém é um método de custo elevado e utilizado em casos de produtos com alto valor agregado. Um exemplo de utilização é a obtenção de levedura liofilizada em grânulos para utilização na produção de pão (Figura 4.12).

Figura 4.12 Leveduras liofilizadas.
Fonte: iStock/Thinkstock.

Adição de solutos (pressão osmótica)

Em vez de retirar água para diminuir a Aw de um alimento, é possível, em alguns casos, adicionar solutos como açúcar e sal. Esse é o princípio de conservação do charque (adição de sal à carne). Outros exemplos são as frutas em calda e hortaliças em salmoura.

❯❯ Conservação pelo controle do oxigênio

O oxigênio interfere em diversas e importantes reações de deterioração. Em função disso, a vida útil de muitos alimentos é limitada na presença de ar. Para diminuir a concentração de oxigênio, pode ser adotada a conservação pelo uso de vácuo, atmosfera controlada ou atmosfera modificada (Figura 4.13).

A)

B)

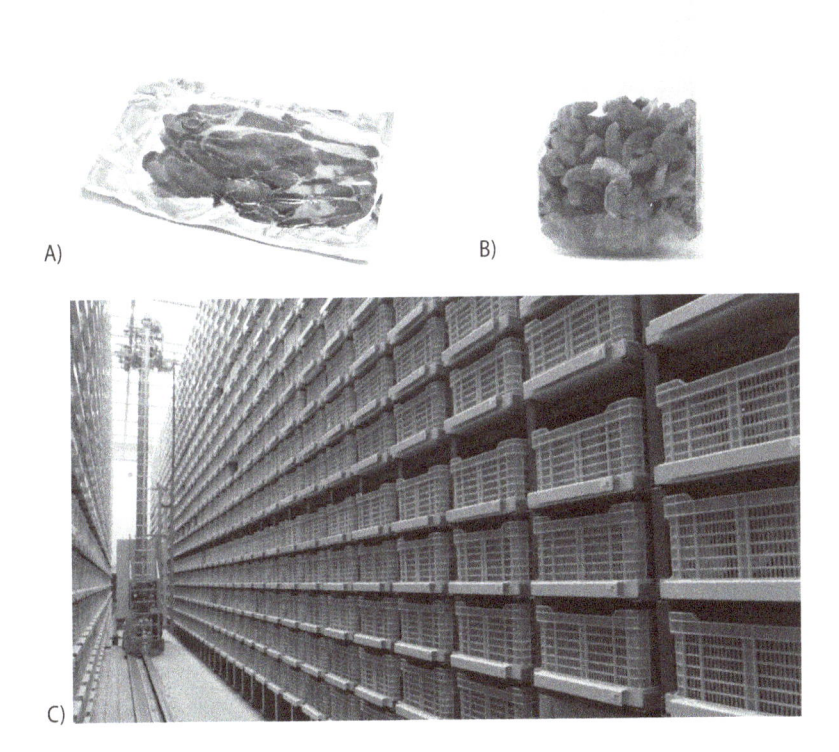

C)

Figura 4.13 Conservação pelo controle do oxigênio. A) Conservação pelo uso de embalagem a vácuo (presunto cru). B) Conservação de frutas desidratadas em atmosfera modificada. C) Conservação em câmara frigorífica em atmosfera controlada.
Fonte: iStock/Thinkstock.

No caso do vácuo, é retirado o ar do interior da embalagem, que não é substituído por nenhum outro gás. Em geral, as embalagens utilizadas nesse caso são de plástico e impermeáveis a gases.

No uso de atmosfera modificada, é realizada a alteração da atmosfera gasosa em volta do alimento (retira-se o ar e injeta-se a mistura gasosa, realizando o fechamento da embalagem). Dessa forma, a composição da mistura gasosa original pode se modificar ao longo do armazenamento devido às atividades metabólicas do alimento e/ou micro-organismos presentes.

A atmosfera controlada é utilizada em câmaras para armazenar grandes quantidades de produto, como armazenamento de frutas. É utilizada uma determinada mistura gasosa (que irá depender do alimento) e essa atmosfera gasosa será mantida constante durante o armazenamento por meio da retirada e injeção de gases. De forma geral, as misturas gasosas diminuem a concentração de oxigênio e aumentam a concentração de gás carbônico (comparado com as concentrações encontradas no ar).

» Conservação pelo controle do pH

A modificação do pH do alimento, por meio da utilização de ácidos, é um método muito utilizado para conservar. Cabe ressaltar que não é possível a sua utilização em qualquer tipo de alimento, visto que modifica suas características sensoriais.

Os meios ácidos inibem a maioria das bactérias (com algumas exceções, como bactérias láticas e acéticas), porém mofos e leveduras conseguem se desenvolver nessas condições. Assim, em alguns casos, é necessária a adição de aditivos conservantes (como benzoatos e sorbatos) para evitar a deterioração pela proliferação desses micro-organismos. Em função da importância do pH na conservação dos alimentos, eles são classificados conforme o Quadro 4.5.

Quadro 4.5 » Classificação dos alimentos em função do seu potencial hidrogeniônico

Classificação	Alimentos de baixa acidez	Alimentos ácidos	Alimentos de alta acidez
Faixa de pH	pH > 4,5	4,0 < pH < 4,5	pH < 4,0
Características	São alimentos com grandes chances de crescimento de micro-organismos patogênicos e deteriorantes. Predomina crescimento de bactérias. O pH permite desenvolvimento de esporos do *C. botulinum*.	Conservam melhor do que os de baixa acidez. Predominam problemas com bolores e leveduras, mas também algumas bactérias como láticas e acéticas. Não há desenvolvimento de esporos do *C. botulinum*.	Boa conservação pelo baixo pH. Predominam problemas com bolores e leveduras. Não há desenvolvimento de esporos do *C. botulinum*.
Exemplos	Carnes, leites, vegetais (com exceção de diversas frutas), etc.	Leites fermentados, como o iogurte, vegetais fermentados e algumas frutas.	Refrigerantes, picles em conserva, alguns sucos, molhos para salada e algumas frutas.

Irradiação de alimentos

A indicação de irradiação no rótulo do produto é obrigatória, devendo constar no painel principal "alimento tratado por processo de irradiação". O símbolo internacional que indica que um alimento foi irradiado, conhecido como radura, é mostrado na Figura 4.14, sendo geralmente de cor verde (a cor pode variar dependendo do país) e parece como uma planta dentro de um círculo, possuindo rasuras na sua parte superior.

Apesar de ser um método controverso, considera-se que os tratamentos com doses de radiações menores do que 10kGy não apresentam riscos à saúde e são permitidos em diversos países. Os objetivos da irradiação são:

- Destruir micro-organismos e enzimas.
- Inibir a brotação (em batatas, cebolas, alho, entre outros).
- Controlar a maturação de frutas (como banana, manga e mamão).
- Impedir a infestação de insetos (em cereais e derivados).
- Descontaminar e desinfeccionar especiarias e temperos.
- Eliminar parasitas em peixes e outros produtos marinhos.

Os tratamentos utilizando irradiação podem ser classificados conforme a dose aplicada (reduzida, média e elevada), como mostra o Quadro 4.6. A dose de irradiação absorvida é expressa em gray (Gy), que equivale a 1 joule por quilograma de produto. A irradiação pode provocar efeitos indesejados nos alimentos, como a perda de vitaminas, rancidez de gorduras, desnaturação de proteínas, entre outros.

> **» DEFINIÇÃO**
> A legislação brasileira define **irradiação** como um processo físico de tratamento que consiste em submeter o alimento, já embalado ou a granel, a doses controladas de radiação ionizante, com finalidade sanitária, fitossanitária e/ou tecnológica. A radiação ionizante é definida como qualquer radiação que ioniza átomos de materiais a ela submetidos.

Quadro 4.6 » Tratamentos de irradiação de alimentos dependendo da dose aplicada

	Doses reduzidas	Doses médias	Doses elevadas
Doses de radiação	até 1kGy	1 a 10kGy	10 a 50kGy
Exemplos de aplicação	Inibição de brotamento em bulbos e tubérculos. Retardar a maturação e deterioração de frutas e hortaliças. Combater a infestação de insetos em grãos, frutas e alimentos desidratados.	Ação de pasteurização. Retardar a deterioração de pescados. Destruição de patógenos como *Salmonella*. Pasteurização em sucos de frutas.	Ação de esterilização. Descontaminação de especiarias e alguns aditivos. Esterilização industrial de carnes, aves, mariscos, alimentos prontos e dietas hospitalares (pouco usados, apenas finalidades especiais).

Figura 4.14 Radura: símbolo internacional para alimentos irradiados.
Fonte: Universidade de São Paulo (2006).

> **DEFINIÇÃO**
> Os **aditivos** são definidos pela legislação brasileira como qualquer ingrediente adicionado intencionalmente aos alimentos, sem propósito de nutrir, com o objetivo de modificar as características físicas, químicas, biológicas ou sensoriais durante fabricação, processamento, preparação, tratamento, embalagem, acondicionamento, armazenagem, transporte ou manipulação de um alimento.

» Conservação pelo uso de aditivos

Ao serem adicionados aos alimentos, o próprio aditivo ou seus derivados podem se converter em um componente de tal alimento. Os aditivos podem ser utilizados para melhorar as características organolépticas dos alimentos, as características nutricionais ou a conservação do produto. Na classe de aditivos com objetivo de conservação, as principais categorias são os conservantes e os antioxidantes. No entanto, também podem ser considerados nessa classe os acidulantes (como os ácidos acético, lático e cítrico), os reguladores de acidez (como citratos e lactatos) e as substâncias que diminuem a Aw (como sais, açúcares, alcoóis e polióis). Os conservantes são substâncias que impedem ou retardam a alteração dos alimentos provocada por micro-organismos ou enzimas. Nessa categoria, os principais utilizados são:

- Benzoatos
- Sorbatos
- Propionatos
- Nitritos e nitratos
- Dióxido de enxofre
- Sulfitos

O ácido benzoico e seus sais (benzoatos) são ativos somente em pHs ácidos (até 4,0). Devido a isso, são utilizados para inibir o desenvolvimento de leveduras e mofos (visto que a maioria das bactérias é naturalmente inibida pela acidez nessa faixa de pH). São utilizados em diversos produtos, como refrigerantes, sucos de frutas e conservas de vegetais.

O ácido sórbico e seus sais (sorbatos) são ativos em alimentos de baixa acidez (até pH ~ 5,0) e são mais eficientes contra mofos e leveduras. São usados em diversos alimentos, como queijos, bebidas (sucos de frutas, vinho e sidra), frutas, vegetais em conserva, molhos, doces, etc.

O ácido propiônico e seus sais (propionatos, que não possuem o cheiro forte do ácido) são mais eficientes para combater bolores do que as bactérias, não têm efeito sobre as leveduras e devem ser utilizados em alimentos de baixa acidez. Os propionatos são muito utilizados em produtos de panificação, confeitaria e massas, já que são um eficiente inibidor de bolores.

Os nitratos e nitritos (de sódio ou potássio) são muito utilizados como conservantes e fixadores de cor em produtos cárneos, como salsichas, mortadelas, presuntos, bacon, etc. O objetivo principal da utilização dessas substâncias, em termos de segurança do alimento, é evitar o desenvolvimento dos esporos do *C. botulinum*, contribuindo, de forma eficaz, para evitar casos de botulismo.

Além do efeito conservante, uma importante função dos nitritos e nitratos é a fixação de cor, estabilizando a cor da mioglobina (pigmento presente nas carnes e responsável pela cor vermelha) por meio da formação de nitrosomioglobina. Também são responsáveis pela formação de aroma e sabor característicos dos produtos cárneos.

Apesar de todas essas vantagens e de serem indispensáveis em alguns casos, os nitritos e os nitratos apresentam riscos à saúde, devido à formação de nitrosaminas (substâncias sabidamente carcinogênicas). Dessa forma, a legislação limita a gama de produtos nos quais esses aditivos podem ser usados e a concentração dessas substâncias no alimento.

O dióxido de enxofre e os sulfitos são frequentemente utilizados como conservantes, pois a sua ação se estende a leveduras, mofos e bactérias, além de evitarem o escurecimento enzimático. Além da função de conservantes, são usados também como antioxidantes, melhoradores de farinha, estabilizantes e reguladores de acidez.

O dióxido de enxofre e os sulfitos são muito utilizados em vinhos, sendo colocados antes da fermentação do mosto para evitar o desenvolvimento de micro-organismos indesejáveis. Em frutas e vegetais, são muito úteis na inibição do escurecimento enzimático provocado pelas polifenoloxidases (ver Capítulo 3). Também são úteis na inibição do escurecimento não enzimático provocado pela reação de Maillard.

Os antioxidantes sintéticos hidroxibutilanisol (BHA) e hidroxibutiltolueno (BHT) são muito utilizados em alimentos. Formam parte das substâncias que interrompem a cadeia de radicais livres produzidos durante a oxidação dos lipídios, em conjunto com a terbutil-hidroxiquinona (TBHQ) e o galato de propila (GP).

Entre os antioxidantes naturais, estão o ácido ascórbico (vitamina C), seus sais (ascorbatos) e os tocoferóis. Outras substâncias, como o ácido etilendiaminotetracético (EDTA), atuam como sequestrantes ou quelantes de metais, assim, diminuem a velocidade da oxidação, visto que os metais são catalisadores dessas reações.

> **» DEFINIÇÃO**
> Os **antioxidantes** são substâncias que retardam o aparecimento de alteração oxidativa no alimento.

» Outros métodos de conservação

Existem outros métodos de conservação além dos já citados, como, por exemplo, a defumação, que consiste na aplicação de fumaça aos alimentos, o que também altera seu aroma e sabor.

A fermentação é muito utilizada na produção de alimentos e, além de modificar de forma positiva as características organolépticas dos alimentos, também ajuda na sua conservação. Esse método será visto com mais detalhes no Capítulo 5.

Entre as metodologias mais modernas e menos utilizadas para conservar alimentos, tem-se:

- Utilização de altas pressões
- Aquecimento dielétrico
- Aquecimento ôhmico

» Tecnologia de barreiras

Em diversos casos, a utilização de um único método de conservação não é suficiente para conseguir uma vida de prateleira adequada. É utilizado então o conceito de **barreiras** (*hurdle technology*), combinando diferentes técnicas consideradas obstáculos para os micro-organismos. É o que acontece, por exemplo, com verduras (branqueamento e desidratação ou branqueamento e congelamento), leite (pasteurização e resfriamento), peixes (radiação ionizante e resfriamento) e carnes (salga e defumação).

Prática: classificação dos métodos de conservação de alimentos

Introdução

Existem diversos métodos de conservação de alimentos. A escolha depende de vários fatores, como características da matéria-prima, vida de prateleira desejada, custos, disponibilidade energética, forma de armazenamento, entre outros. O objetivo da utilização dos métodos de conservação é tornar os alimentos seguros para consumo e aumentar sua vida de prateleira. Os principais métodos utilizados são:

- Uso do calor (pasteurização, esterilização, branqueamento)
- Remoção de calor ou uso do frio (refrigeração, congelamento)
- Controle (diminuição) da atividade de água (concentração de líquidos, desidratação, adição de solutos)
- Controle do pH
- Controle do oxigênio (atmosfera controlada, atmosfera modificada, vácuo)
- Irradiação
- Defumação
- Fermentação
- Uso de aditivos de conservação (principalmente conservantes e antioxidantes)

> **DICA**
> Esta prática pode ser realizada em conjunto com a "Prática: Classificação de matérias-primas e tipos de indústrias" (Capítulo 2), tendo-se o cuidado de realizar a escolha adequada dos gêneros alimentícios para abordar ambos os aspectos (matérias-primas e métodos de conservação).

Objetivos

- Verificar o pH de alguns alimentos.
- Identificar a presença de aditivos de conservação.
- Reconhecer o(s) método(s) de conservação utilizado(s) em diversos alimentos.

>> Materiais

- Fita universal para medir pH (ou pHmetro)
- Béqueres de 50mL
- Colocar em cima da(s) bancada(s) diversos gêneros alimentícios, em suas embalagens originais, sugerindo-se os seguintes: aipim descascado e refrigerado, ervilha em lata, ervilha desidratada, farinha de milho, frango empanado congelado, bebida láctea ou iogurte, leite pasteurizado (de saquinho), leite UHT (de caixinha), leite em pó, maçã *in natura*, maçã desidratada, mel, pepino em conserva, abacaxi em calda, vinagre de maçã, peixe congelado, lasanha congelada, carne embalada a vácuo, salame e presunto.

> **>> DICA**
> Os produtos conservados sob refrigeração ou congelamento devem ser colocados em cima da bancada na hora da realização do experimento. Colocar, ao lado dos alimentos líquidos, um béquer de 50mL para facilitar a medição do pH.

>> Procedimentos

- Verificar os exemplos apresentados na Tabela 4.1.
- Para cada um dos alimentos apresentados no item Materiais, preencher a Tabela 4.7 (desenhe a tabela em seu caderno).
- Verificar se o alimento é mantido à temperatura ambiente, de refrigeração (na geladeira) ou de congelamento (no *freezer*). Essa informação geralmente é apresentada na embalagem do produto.
- No caso de alimentos líquidos (ou com líquido de cobertura, como é o caso das conservas), efetuar a medição do pH utilizando a fita universal (ou o pHmetro).
- Verificar, na lista de ingredientes, a presença de sal, açúcar ou aditivos de conservação.
- Verificar a data de validade do produto e a data de fabricação (se esta constar na embalagem) e calcular a vida de prateleira. Caso a data de fabricação não conste no rótulo, considerar a data de compra do produto.
- Procurar identificar as etapas do processamento, identificando os métodos de conservação utilizados na elaboração do produto.
- Ler atentamente as informações contidas no rótulo do produto.
- Lembrar de que podem ser considerados aditivos para conservar o produto: conservantes, antioxidantes, sequestrantes, acidulantes e reguladores de acidez.
- Verificar a necessidade ou não de pasteurização ou esterilização em função do tipo de alimento, tendo em consideração seu pH e a temperatura de armazenamento.
- Ter em mãos a lista com os diferentes métodos de conservação dos alimentos.

> **>> DICA**
> Considerar a temperatura de armazenamento do produto sem abrir a embalagem (visto que, uma vez aberta, passa a ser necessário o uso de refrigeração em vários casos).

Tabela 4.1 » Classificação dos métodos de conservação dos alimentos

Produto	Temperatura de armazenamento (ambiente, refrigeração ou congelamento)	pH (para alimentos líquidos)	Presença de sal, açúcar, conservantes, antioxidantes e outros aditivos de conservação	Vida de prateleira (aproximada)	Método ou métodos de conservação utilizados
Ervilha congelada	T congelamento	–	Sal	1 ano	Branqueamento e congelamento
Farinha de trigo	T ambiente	–	–	6 meses	Desidratação (controle da Aw)
Suco de laranja pasteurizado	T refrigeração	3,5–4,0	–	10 dias	Pasteurização Refrigeração
Cebola *in natura*	T ambiente	–	–	15 dias	Nenhum
...					

Agora é a sua vez!

1. Cite algumas dificuldades que você encontrou no preenchimento da Tabela 4.1.
2. Discuta a diferença na vida de prateleira do leite pasteurizado e do leite UHT. O que provoca essa diferença? Procure uma vantagem e uma desvantagem ao comparar esses produtos.
3. Foi realizado algum processo para aumentar a vida de prateleira do mel?
4. Qual é o motivo do mel possuir uma vida de prateleira tão extensa em comparação com outros alimentos?
5. Compare a vida de prateleira da maçã *in natura* com a maçã desidratada. Cite as diferenças nas características de ambos os produtos em termos de qualidade sensorial e preferência do consumidor.
6. Em qual (ou quais) dos alimentos tem-se a utilização do maior número de métodos de conservação diferentes?

Prática: produção de batata palito congelada com e sem branqueamento prévio

Introdução

O congelamento é um método de conservação que deve garantir também a manutenção das características organolépticas e nutricionais do alimento, fato que será verificado nos procedimentos de prática a serem testados. Ainda, segundo a legislação brasileira, um dos requisitos de rotulagem para esse tipo de alimento é que a expressão "congelado" deve estar próxima à designação do produto.

O branqueamento, muitas vezes, é utilizado como tratamento prévio ao congelamento de alimentos de origem vegetal, consistindo na inativação de enzimas, utilizando calor (água quente ou vapor) e resfriamento imediato.

Objetivos

- Avaliar o efeito do congelamento em alimentos de origem vegetal.
- Verificar como os processos de congelamento e branqueamento associados interferem na aparência do alimento.

Materiais

- Balança; fogão industrial; seladora manual para fechamento de sacos de polietileno; tanques de aço inox (ou panelas grandes de aço inox); cesta perfurada em aço inox, adaptável aos tanques ou panelas utilizadas; balde plástico de uso alimentício para sanitização dos vegetais por imersão; escova plástica para limpeza dos vegetais; recipiente de apoio (em aço inox ou plástico); escorredor de aço inox (ou plástico); faca de corte em aço inox; colheres grandes de aço inox; tábua de corte em material inerte; cortador de batatas palito e legumes, em aço inox e pintura epóxi; sacos de polietileno transparentes para embalar alimentos.
- Batatas grandes (10 unidades) e solução clorada (0,02% de cloro ativo ou preparada com 8mL de água sanitária sem aromatizante para cada litro de água).

» Procedimentos

- Produção de batata palito congelada com branqueamento prévio:
    1. Iniciar o procedimento com a seleção das batatas, verificando a ausência de manchas ou defeitos causados por fungos e insetos.
    2. Lavar os vegetais com o auxílio de uma escova, em água corrente.
    3. Fazer a sanitização das batatas por imersão, colocando-as no balde, em solução clorada por 10 minutos.
    4. Retirar o excesso de cloro, lavando-as em água potável corrente.
    5. Descascar as batatas e retirar com faca os pequenos defeitos.
    6. Utilizar cortador de batatas palito para dar uniformidade aos pedaços.
    7. Lavar as batatas palito em água corrente e realizar o branqueamento em seguida.
    8. Colocar as batatas palito na cesta perfurada e mergulhá-las na panela contendo água a 95°C durante 1 minuto.
    9. Retirar as batatas e imediatamente mergulhar em banho de água com gelo por 2 minutos para interromper o aquecimento do alimento.
    10. Retirar as batatas e deixar em escorredor para remover o excesso de água.
    11. Separar os sacos de polietileno e pesar a quantidade de batatas (anotar) correspondente à sua capacidade, produzindo, ao menos, duas unidades.
    12. Colocar as batatas na embalagem e fechar com seladora, em atmosfera normal.
    13. Manter uma embalagem em temperatura de congelamento e outra em temperatura de refrigeração.
    14. Avaliar o produto após uma semana de armazenamento quanto às mudanças de coloração, odor e textura.
    15. Quantificar a perda de peso pós-congelamento e pós-resfriamento.
- Produção de batata palito congelada sem branqueamento prévio:
    1. Realizar o procedimento de forma similar ao anterior, sem a etapa de branqueamento (sem colocar as batatas palito na cesta perfurada e sem mergulhá-las na panela contendo água a 95°C durante 1 minuto).
    2. Produzir, ao menos, duas embalagens, mantendo uma em temperatura de congelamento e outra em temperatura de refrigeração.
    3. Avaliar o produto após uma semana de armazenamento, quanto às mudanças de coloração, odor e textura.
    4. Quantificar a perda de peso pós-congelamento e pós-resfriamento.

> **» DICA**
> As temperaturas e os tempos empregados no branqueamento por calor podem variar em função do vegetal a ser processado. O processamento da batata palito comercializada utiliza uma pré-fritura por 2 minutos, em temperatura entre 140 e 150°C, após o branqueamento e antes do congelamento.

>> Agora é a sua vez!

1. Compare o efeito do congelamento com o do resfriamento nos procedimentos testados.
2. Avalie o emprego do branqueamento prévio ao congelamento sobre as características observadas na batata palito.
3. O emprego do branqueamento e da pré-fritura tem objetivos similares para auxiliar no processo de congelamento?
4. Como a incorporação do óleo, por meio da pré-fritura, pode afetar o alimento congelado?

>> Prática: secagem de frutas

>> Introdução

A secagem consiste na remoção de água do alimento, o que irá diminuir a sua atividade de água e aumentar significativamente a vida de prateleira do produto. Os produtos de frutas secas ou desidratadas possuem um limite máximo de umidade de 25%, com exceção aplicável às frutas secas tenras.

Ao desidratar um alimento em corrente de ar quente, que flui paralelamente à superfície do produto, considerando que a temperatura e a umidade do ar de secagem permanecem constantes e que todo o calor necessário é proporcionado ao alimento por convecção, as mudanças no conteúdo de umidade podem ser ajustadas às curvas de secagem similares às apresentadas na Figura 4.10.

>> Objetivos

- Mensurar o efeito da secagem sobre o conteúdo de umidade da fruta.
- Verificar visualmente o efeito da secagem nos alimentos.
- Obter curvas de secagem de alimentos.

>> Materiais

- Estufa com circulação de ar; balança; tanques de aço inox (ou panelas grandes de aço inox); cesta perfurada em aço inox, adaptável aos tanques ou panelas utilizadas; balde plástico de uso alimentício para sanitização dos vegetais por imersão; faca de corte em aço inox; colheres grandes de aço inox;

- tábua de corte em material inerte; extrator de miolo de maçã em aço inox e plástico; bandejas em aço inox; cronômetro; termômetro.
- Maçãs (10 unidades ou mais); bananas (10 unidades ou mais); solução aquosa com ácido cítrico 0,01N (pH 2,5) ou com suco de limão; solução clorada (0,02% de cloro ativo ou preparada com 8mL de água sanitária sem aromatizante para cada litro de água).

>> Procedimentos

- Selecionar as maçãs e as bananas, verificando a ausência de manchas ou defeitos.
- Lavá-las em água corrente.
- Fazer a sanitização das frutas por imersão, colocando-as no balde, em solução clorada por 10 minutos.
- Retirar o excesso de cloro, lavando-as em água potável corrente.
- Obter a umidade inicial das amostras para determinar as curvas de secagem. Para isso, utilizar a metodologia descrita pelo Instituto Adolfo Lutz (2008). Caso não seja possível realizar essa determinação, poderá ser utilizado o valor de umidade em base úmida de 83% para a maçã e 72% para a banana.
- Descascar rapidamente (evitando a exposição ao ar) as bananas e as maçãs e retirar o miolo com extrator apropriado para maçã.
- Cortar as frutas em fatias finas, com, no máximo, 5mm de espessura.
- Dividir as maçãs em duas partes e colocar apenas uma das partes (rapidamente para evitar exposição ao ar) em solução contendo ácido cítrico durante 4 minutos.
- Retirar e deixar escorrer removendo o excesso de líquido com papel toalha.
- Realizar o mesmo procedimento para as bananas.
- Pesar quatro bandejas de aço inox (anotar os pesos).
- Distribuir, em bandejas separadas, as quatro partes de frutas (maçãs com e sem imersão em ácido cítrico, bananas com e sem imersão em ácido cítrico), espalhando bem.
- Pesar cada bandeja com as frutas e anotar os valores.
- Colocar as bandejas em estufa ajustada para temperatura de 70°C, com circulação forçada de ar. As curvas de secagem serão realizadas somente com as frutas não imersas em ácido cítrico.
- Acompanhar a temperatura da estufa com termômetro acoplado para verificar se houve flutuações significativas, o que prejudicaria os resultados (realizar a leitura da temperatura sempre antes de abrir o secador).
- Retirar as bandejas das frutas que não foram tratadas com ácido cítrico a cada 10 minutos e efetuar a pesagem (abrir e fechar o secador de forma rápida para minimizar flutuações de temperatura).
- Submeter as frutas ao máximo tempo de secagem possível.
- Anotar os tempos, as temperaturas e os pesos.
- Preencher a Tabela 4.2 (desenhe a tabela em seu caderno) para cada um dos produtos desidratados (maçãs e bananas sem imersão em ácido cítrico).

Tabela 4.2 » **Dados obtidos durante a secagem da fruta**

Tempo (min)	Peso bandeja + fruta (g)	T (°C)
0		
10		
20		
30		
40		
50		
60		
...		

- Desenhar uma tabela conforme o modelo da Tabela 4.3 para compor os dados da curva de secagem das frutas.

Tabela 4.3 » **Resultados obtidos na curva de secagem da fruta**

Tempo (min)	Peso (g)	X_{bs}	ΔX_{bs}	Δt	Taxa de secagem (t)
0			–	–	–
10				10	
20				10	
30				10	
40				10	
50				10	
...	...	...	...	...	...

Obs.: Caso os intervalos de tempo não sejam exatamente de 10min, colocar os tempos obtidos experimentalmente.

Sendo:

t = tempo (min)
Δt = intervalo de tempo (min)
$X_{bu}(t)$ = umidade em base úmida no tempo t (%)
$X_{bs}(t)$ = umidade em base seca no tempo t (%)
$\Delta X_{bs}(\Delta t)$ = variação da umidade (em base seca) em cada período de tempo, sendo calculada utilizando a seguinte fórmula:

$$\Delta X_{bs}(\Delta t) = X_{bs}(t + \Delta t) - X_{bs}(t)$$

» **DICA**

O processo de secagem de frutas leva à retirada da água, com concentração do teor de açúcar presente e à acentuação do sabor e da cor. A seleção das frutas é crucial para a qualidade do derivado desidratado: frutas com pouco açúcar resultarão em produtos com menos cor e pouco sabor; já as frutas muito maduras produzirão derivados com coloração escura, devido a uma maior produção de melanoidinas.

taxa de secagem (t) = taxa de secagem no tempo t, sendo calculada pela seguinte fórmula:

$$taxa = \frac{\Delta X_{bs}(\Delta t)}{\Delta t}$$

- Fazer um gráfico das curvas de secagem de cada produto (banana e maçã no mesmo gráfico), colocando no eixo das abscissas (eixo x) o tempo de secagem e nas ordenadas (eixo y) a umidade em base seca (X_{bs}). O gráfico obtido deve ser semelhante ao mostrado na Figura 4.10, podendo não aparecer a fase de estabilização (fase AB).
- Fazer outro gráfico com as taxas de secagem de cada produto (banana e maçã no mesmo gráfico), colocando no eixo das abscissas (eixo x) o tempo de secagem e nas ordenadas (eixo y) a taxa de secagem ($\Delta X_{bs}/\Delta t$). O gráfico obtido deve ser semelhante ao mostrado na Figura 4.10, podendo não aparecer a fase de estabilização (fase AB na Figura 4.10). Verifique a existência (ou não) de um período de taxa constante (fase BC na Figura 4.10).
- Fazer outro gráfico com as taxas de secagem de cada produto (banana e maçã no mesmo gráfico), colocando no eixo das abscissas (eixo x) a umidade em base seca (Xbs) e nas ordenadas (eixo y) a taxa de secagem ($\Delta X_{bs}/\Delta t$). Nesse gráfico, também é possível observar a existência (ou não) de um período de taxa constante.

» Agora é a sua vez!

1. Avalie os resultados nos gráficos produzidos e compare as curvas de secagem da maçã e da banana.
2. Qual é a umidade final obtida em cada caso?
3. Verifique o efeito da imersão em ácido cítrico sobre as reações de escurecimento advindas da desidratação das frutas.
4. Experimente o sabor das frutas obtidas em cada caso e discuta a influência do tratamento com ácido cítrico.
5. Compare o produto desidratado com o produto *in natura*. Que mudanças desejáveis e indesejáveis provocam a desidratação?
6. Que tratamento poderia ter sido realizado em substituição à imersão em ácido cítrico?
7. A utilização do ácido cítrico é necessária em todos os tipos de frutas?
8. Que fatores ou que tratamentos interferem para que as frutas mantenham coloração aceitável após a desidratação?

>> RESUMO

Neste capítulo, foram abordados os fatores que influenciam a velocidade de deterioração dos alimentos, como a temperatura, o ar em volta do alimento, a presença de oxigênio, a umidade relativa do ar, o pH, a Aw, a composição do alimento, entre outros. O controle desses fatores forma a base para os principais métodos de conservação utilizados:

- uso do calor (como a pasteurização, a esterilização e o branqueamento);
- uso do frio (como a refrigeração e o congelamento);
- controle do pH (por meio da acidificação);
- diminuição da Aw (por meio da concentração de alimentos líquidos, desidratação de alimentos líquidos ou sólidos e adição de solutos, como sal e açúcar);
- controle do oxigênio (como a utilização de embalagens a vácuo e em atmosfera modificada ou a utilização de câmaras com atmosfera controlada);
- uso de aditivos químicos (como conservantes e antioxidantes);
- irradiação (utilização de radiação ionizante).

REFERÊNCIAS

AGÊNCIA NACIONAL DE VIGILÂNCIA SANITÁRIA (Brasil). Portaria n. 540, de 27 de outubro de 1997. Aprova o Regulamento Técnico: Aditivos Alimentares – definições, classificação e emprego. Brasília, 1997. Disponível em: < http://portal.anvisa.gov.br/wps/wcm/connect/d1b6da0047457b4d880fdc3fbc4c6735/PORTARIA_540_1997.pdf?MOD=AJPERES>. Acesso em: 24 set. 2014.

AGÊNCIA NACIONAL DE VIGILÂNCIA SANITÁRIA (Brasil). Resolução RDC n. 21, de 26 de janeiro de 2001. Aprova o Regulamento Técnico para Irradiação de Alimentos. Brasília, 2001. Disponível em: < http://portal.anvisa.gov.br/wps/wcm/connect/791ccc804a9b6b1b9672d64600696f00/Resolucao_RDC_n_21_de_26_de_janeiro_de_2001.pdf?MOD=AJPERES>. Acesso em: 24 set. 2014.

AGÊNCIA NACIONAL DE VIGILÂNCIA SANITÁRIA (Brasil). Resolução RDC n. 272, de 22 de setembro de 2005. Regulamento técnico para produtos de vegetais, produtos de frutas e cogumelos comestíveis. Brasília, 2005. Disponível em: < http://www.aladi.org/nsfaladi/normasTecnicas.nsf/09267198f1324b64032574960062343c/4207980b27b39cf903257a0d0045429a/$FILE/Resoluci%C3%B3n%20N%C2%BA%20272-2005.pdf>. Acesso em: 24 set. 2014..

AGÊNCIA NACIONAL DE VIGILÂNCIA SANITÁRIA (Brasil). Resolução RDC n. 273, de 22 de setembro de 2005. Regulamento técnico para misturas para o preparo de alimentos e alimentos prontos para o consumo. Brasília, 2005. Disponível em: < http://portal.anvisa.gov.br/wps/wcm/connect/b683960047457a8b8736d73fbc4c6735/RDC_273_2005.pdf?MOD=AJPERES>. Acesso em: 24 set. 2014.

>> NO SITE
Acesse o ambiente virtual de aprendizagem para fazer atividades relacionadas ao que foi discutido neste capítulo:
www.grupoa.com.br/tekne.

CELESTINO, S. M. C. *Princípios de secagem de alimentos*. Planaltina: Embrapa Cerrados, 2010. (Coleção Agroindústria Familiar).

FELLOWS, P. J. *Tecnologia do processamento de alimentos*: princípios e práticas. 2. ed. Porto Alegre: Artmed, 2006.

JAY, J. M. *Microbiologia de alimentos*. 6. ed. Porto Alegre: Artmed, 2005.

ORDOÑEZ, J. A. et al. *Tecnologia de alimentos*: componentes dos alimentos e processos. Porto Alegre: Artmed, 2005. v. 1.

UNIVERSIDADE DE SÃO PAULO. *Divulgação da tecnologia de irradiação de alimentos e outros materiais*. [São Paulo: USP], 2006. Disponível em: <http://www.cena.usp.br/irradiacao/>. Acesso em: 23 set. 2014.

capítulo 5

Processos de transformação de alimentos

Os processos de transformação de alimentos objetivam a modificação da matéria-prima em um produto final com características sensoriais e funcionais diferentes. Atualmente, as transformações de alimentos contribuem para o aumento da variedade de produtos à disposição do consumidor. Neste capítulo, veremos quais são os processos mais utilizados nas transformações de alimentos, como redução e aumento de tamanho, mistura, modificação da textura, fermentação e uso de aditivos.

Objetivos de aprendizagem

» Explicar os fundamentos das transformações nos alimentos.

» Identificar os processos de transformação utilizados na indústria de alimentos e as operações unitárias envolvidas nesses processos.

>> Introdução

Uma das funções da tecnologia de alimentos é proporcionar maior diversidade na oferta de alimentos para a população. Dessa forma, os processos de transformação são responsáveis por modificarem substancialmente a matéria-prima por meio de diversas operações unitárias, podendo realizar mudanças físicas, químicas, bioquímicas e biológicas nos alimentos.

Um aspecto interessante a ser ressaltado é que as operações de transformação podem ser utilizadas para o aproveitamento integral de algumas matérias-primas processadas, de forma a contribuir com a redução da escassez de alimentos em algumas localidades e aumentar a oferta de opções.

>> Operações de transformação utilizadas em alimentos

O Quadro 5.1 apresenta alguns processos de transformação utilizados na indústria de alimentos.

Quadro 5.1 >> Exemplos de processos de transformação utilizados na indústria de alimentos

Processo	Transformação
Moagem do trigo Fatiamento de frutas Atomização de leite	Redução de tamanho
Floculação Aglomeração	Aumento de tamanho
Concentração de açúcar Concentração de suco	Evaporação
Produção de álcool Extração de óleo essencial	Destilação
Refino de óleo Refino de açúcar	Absorção
Geleificação do amido Gelatinização	Modificação da textura
Fermentação	Modificações bioquímicas

Como pode ser observado no Quadro 5.1, há algumas operações simples e outras com maior complexidade. No entanto, cabe ressaltar que as operações de transformação ocorrem, na maioria das vezes, à temperatura ambiente, por isso geralmente não alteram as propriedades nutritivas dos alimentos. Além disso, na maioria das vezes, não mudam significativamente a vida útil dos alimentos, embora em alguns casos possam favorecer ou diminuir as reações de deterioração.

Todo processamento de alimentos envolve uma combinação de procedimentos para atingir as modificações desejadas nas matérias-primas. Essas são convenientemente categorizadas como **operações unitárias**, sendo que cada uma tem um efeito específico, identificável e previsível no alimento. Essas operações são agrupadas para formar um processo, e sua sequência e combinação irão determinar a natureza do produto final. São exemplos de operações unitárias utilizadas na indústria de alimentos: mistura, moagem, centrifugação, filtração, evaporação, destilação, cristalização, esterilização, etc.

A seguir, são abordadas algumas operações de transformação utilizadas em alimentos.

» Redução de tamanho

A operação unitária de redução de tamanho tem como objetivo diminuir o tamanho das partículas sólidas ou líquidas. Quando uma partícula sólida precisa ser transformada em partículas menores, esse processo ocorre por meio de ação mecânica, a qual é definida como trituração, moagem ou corte, dependendo do caso (Figura 5.1).

A)

B)

Figura 5.1 A) Moagem do café. B) Frutas que passaram pela operação unitária de corte.
Fonte: iStock/Thinkstock.

> **ATENÇÃO**
> O alimento, após ter sofrido redução de tamanho, pode liberar enzimas com a ruptura de seus tecidos, o que contribui como substrato para o crescimento de micro-organismos.

> **DICA**
> A atomização subdivide o líquido em pequenas gotas de tamanho uniforme para que possam ser desidratadas. A produção de leite em pó a partir do leite fluido é um exemplo.

De acordo com as características dos produtos, são escolhidos os equipamentos que serão utilizados. No caso de alimentos secos – como, por exemplo, o grão do café e de açúcar –, utilizam-se, em geral, moinhos, que funcionam por meio da aplicação de forças de impacto, compressão e abrasão.

Já no caso de alimentos frescos – como, por exemplo, carnes e frutas –, utilizam-se picadores, que funcionam por meio da aplicação de forças de impacto e tensão de cisalhamento. O que deve ser analisado é que a operação unitária de redução de tamanho afeta a vida útil dos alimentos, pois, depois de realizada, o alimento aumenta sua superfície de contato com o ar, favorecendo reações de oxidação, químicas e enzimáticas.

Quando a operação unitária de redução diminui o tamanho das partículas líquidas, esse processo inclui as operações de atomização, homogeneização e emulsificação. A **atomização** é uma operação unitária utilizada com a finalidade de aumentar a área de contato de um líquido para que ele seja seco no processo subsequente.

A **emulsificação** é utilizada para obter uma dispersão de dois líquidos imiscíveis, na qual um dos líquidos (fase descontínua) deve ser disperso, por meio de gotas muito pequenas (0,1 a 50μm de diâmetro), em outro líquido (fase contínua). Um exemplo é a maionese, que é uma emulsão de óleo em água, na qual pequenas gotas de óleo estão dispersas numa fase contínua de água. A Figura 5.2 mostra a imiscibilidade do óleo em água.

Figura 5.2 Óleo em água.
Fonte: Photodisc/Thinkstock.

A **homogeneização** pode ser relacionada à emulsificação, uma vez que reduz o tamanho das partículas (0,5 a 3μm de diâmetro) para aumentar o número de partículas na fase dispersa de uma emulsão já existente. O leite é um exemplo.

As emulsões são instáveis, por isso suas fases podem se separar. Para que isso não ocorra, a indústria de alimentos pode utilizar emulsificantes. A emulsificação e a homogeneização não alteram a vida de prateleira dos produtos.

» Aumento de tamanho

A **floculação** é a junção de agregados insolúveis de tamanho grande. Como exemplo, tem-se a floculação que ocorre na fermentação alcoólica por meio de leveduras. Nessa operação, as células da levedura se agrupam, formando conglomerados. Além disso, a floculação é muito utilizada para a clarificação na produção de bebidas e no tratamento de águas. Os agentes floculantes podem ser de natureza protéica (p.ex., gelatina), polissacarídica (p.ex., alginatos) ou mineral (p.ex., bentonitas).

A **aglomeração** é uma operação utilizada para aglomerar partículas com o objetivo de melhorar as propriedades funcionais do produto final (produtos em pó obtidos pela moagem de sólidos ou desidratação de líquidos). Como exemplo, tem-se a aglomeração utilizando lecitina de soja em alguns produtos em pó a fim de que, quando forem reidratados, isso ocorra de forma instantânea (Figura 5.3).

> » **DICA**
> A aglomeração também é conhecida como instantaneização ou granulação, dependendo do tipo de indústria.

Figura 5.3 Dissolução instantânea de café.
Fonte: iStock/Thinkstock.

» Mistura

A mistura, uma operação unitária muito utilizada na indústria de alimentos, perpassa o processamento de diversos produtos alimentícios. De forma simples, a **mistura** é a junção de dois ou mais insumos para o processamento de um alimento, sempre com a finalidade de obter um produto final uniforme.

Para que a uniformidade do produto final seja obtida, a mistura ocorre normalmente por meio de processos mecânicos. A melhoria das propriedades organolépticas dos produtos é um dos aspectos positivos da operação de mistura.

» Modificação da textura

A textura dos alimentos tem relação direta com seu estado físico. Ela está relacionada a um conjunto de propriedades físicas percebidas sensorialmente pelos sentidos da visão (exceto a cor), da audição e do tato. Existem diversas operações capazes de modificar a textura dos alimentos, como, por exemplo, a geleificação e texturização.

Geleificação

A geleificação utilizada pela indústria alimentícia tem como finalidade fornecer consistência adequada e estabilidade física aos produtos. No Quadro 5.2, podem ser observados os componentes dos alimentos responsáveis pela formação de gel. Salienta-se que a formação de gel pode ocorrer com esses elementos isolados ou de forma combinada.

Quadro 5.2 » Componentes responsáveis pela formação de gel

Componentes do alimento	Agente geleificante
Polissacarídeos	Amido
	Hidrocoloides
Proteínas	Actomiosina
	Gelatina
	Ovoalbumina
	Soja
Partículas coloidais complexas	Micelas de caseína

Fonte: Adaptado de Ordoñez et al. (2005).

A formação do gel depende, na maioria das vezes, do agente geleificante. Em alguns casos, é necessária aplicação de calor; em outros, o processo ocorre em repouso e em resfriamento, como as gelatinas de confeitaria.

Os agentes geleificantes podem ser dissolvidos nos alimentos líquidos. Quando isso ocorre, os geleificantes são capazes de formar redes tridimensionais no próprio líquido, transformando-os. Os agentes mais utilizados na indústria alimentícia atualmente são:

- Gelatina
- Pectina
- Carragena

A gelatina, agente geleificante muito conhecido, é uma proteína. Ela forma um gel termorreversível. Em outras palavras, quando se aumenta a temperatura acima da faixa de 30-35°C, obtém-se uma solução. Ao resfriar essa solução até seu ponto de solidificação, a estrutura gelatinosa se forma novamente. A Figura 5.4 mostra alguns produtos nos quais é utilizada a gelatina.

> **» IMPORTANTE**
> Uma característica importante da gelatina é que ela forma gel em diversos níveis de pH sem sinérese (ou seja, sem exsudação ou perda de água).

Figura 5.4 A) Marshmallow. B) Patê. C) Sobremesa com gelatina.
Fonte: iStock/Thinkstock.

A seguir, estão relacionadas algumas aplicações de gelatina em produtos alimentícios:

- Produção de gomas.
- Impedimento de recristalização do açúcar em gomas de mascar.
- Estabilização de recheios e glacês em produtos de panificação.
- Formação de espuma em mousses.
- Prevenção de sinérese em produtos lácteos.
- Manutenção da textura em produtos de baixa caloria.
- Aumento da propriedade de liga da gordura em emulsões de carne e patês.

A pectina é um polissacarídeo muito utilizado na produção de geleias, balas, doces e produtos de panificação. Além da geleificação, a pectina é responsável pela superfície brilhante das geleias, tendo pouca sinérese. Além da aplicação em geleias, as pectinas são também utilizadas em molhos para sobremesas, recheios de bombons e iogurtes.

A carragena é um aditivo proveniente de algas marinhas vermelhas, constituído essencialmente por sais de potássio, sódio, cálcio e magnésio, dos ésteres sulfatados de polissacarídeos, que por hidrólise dão galactose e 3,6 galactose anidra. É utilizada na indústria como espessante, estabilizante, geleificante e agente de transporte, podendo ser usada em uma ampla gama de alimentos.

Texturização

A texturização é a transformação de uma proteína do estado globular para uma estrutura física fibrosa que tem características sensoriais semelhantes à carne. Como matéria-prima, na obtenção de proteínas texturizadas, podem ser usadas proteínas de origem vegetal (soja) ou produtos de baixa qualidade comercial ricos em proteínas animais (como subprodutos cárneos ou de pescado).

» Extrusão

A extrusão é um processo que combina várias operações unitárias: transporte, mistura, cozimento, amassamento, formação e moldagem. A extrusão pode ser realizada a frio (ou de moldagem) ou a quente (com cozimento).

O princípio básico da extrusão é converter um material sólido em massa fluída pela combinação de umidade, calor, compressão e tensão de cisalhamento, e forçar sua passagem através de uma matriz para formar um produto com características físicas e geométricas predeterminadas (obtém-se, assim, a gelatinização do amido e/ou a desnaturação das proteínas presentes no alimento).

A operação requer o acondicionamento da matéria-prima até uma umidade de 15 a 40%. Essa mistura é introduzida no corpo do extrusor, no qual uma rosca força a sua passagem por meio de uma placa perfurada. Eis alguns dos produtos em que se usa a extrusão a frio:

- Massas alimentícias
- Massas de panificação
- Caramelos
- Produtos cárneos

Salgadinhos, cereais matinais, proteína de soja, rações animais são alguns exemplos de produtos em que se utiliza a extrusão a quente.

» Fermentação

A fermentação é um processo de transformação em que ocorrem alterações bioquímicas no alimento mediadas por micro-organismos específicos. Esses micro-organismos metabolizam nutrientes presentes na matriz alimentícia, produzindo compostos que modificam as características do alimento ou que são extraídos para aplicação industrial.

A produção de alimentos fermentados é um processo antigo, que originou alimentos tradicionais, como queijos, vinhos, cervejas, produtos à base de soja, entre outros. Os micro-organismos envolvidos nas fermentações industriais são selecionados, reconhecidos como seguros para uso em alimentos e, além disso, suas condições ideais de crescimento são conhecidas e podem ser controladas.

Os alimentos a serem fermentados passam geralmente por um processamento térmico prévio para eliminar micro-organismos endógenos ou contaminantes no alimento a fim de evitar que os micro-organismos selecionados sejam submetidos a uma competição durante o processo de fermentação. As fermentações podem ser realizadas por bactérias, bolores e leveduras, de forma isolada ou em combinação.

As condições de processamento estão vinculadas aos micro-organismos utilizados na fermentação. Dessa forma, valores de pH, temperatura, disponibilidade de oxigênio, conteúdo de umidade, fontes de energia, presença de sais e suplementos devem ser ajustados de acordo com as condições necessárias para o metabolismo do micro-organismo envolvido. A fermentação apresenta algumas vantagens, como:

- Modifica características sensoriais em relação à matéria-prima, devido à metabolização de substratos e produção de compostos derivados.
- O produto fermentado pode apresentar sabor, aroma e textura diferenciados, além de propriedades nutricionais distintas.
- Altera o pH dos alimentos, devido à produção de ácidos orgânicos, o que interfere positivamente na conservação do produto final.
- Produz compostos com atividade antimicrobiana, como peróxidos, alcoóis, ácidos orgânicos e peptídeos bioativos.
- Utiliza condições de processamento brandas, já que as fermentações ocorrem em temperaturas um pouco acima da temperatura ambiente.
- Uso de tecnologias simples e custos operacionais relativamente baixos.
- Emprega micro-organismos selecionados, disponíveis comercialmente, cujas características que agregarão ao produto final são conhecidas.

Os principais tipos de fermentações aplicados à indústria alimentícia serão abordados a seguir. Alguns exemplos de produtos fermentados obtidos estão apresentados na Figura 5.5.

Figura 5.5 Tipos de fermentação e exemplos de produtos fermentados. A) Fermentação láctica (embutidos cárneos fermentados). B) Fermentação láctica (queijos maturados). C) Fermentação láctica (conservas vegetais fermentadas). D) Fermentação alcoólica (bebidas alcoólicas). E) Fermentação alcoólica (panificação). F) Fermentação propiônica (formação de olhaduras em queijos). G) Fermentação acética (vinagre). H) Fermentações ácido-láctica e alcoólica combinadas (molho de soja).
Fonte: iStock/Ingram Publishing/Thinkstock.

> **DEFINIÇÃO**
> A **sacarificação** é a transformação de um substrato amiláceo em um fermentescível por ação enzimática ou química (com ácidos fortes) ou pela ação de fungos.

Fermentação alcoólica

A fermentação alcoólica envolve a transformação de açúcares solúveis em álcool e gás carbônico por meio de leveduras como *Saccharomyces cerevisiae*, *S. carlsbergensis*, *S. uvarum* e *S. chevalieri*. A partir da fermentação alcoólica, são produzidos pão e bebidas alcoólicas, incluindo vinho, cerveja, hidromel e outras fermentado-destiladas, que passarão pelo processo adicional de destilação.

As leveduras empregadas na fermentação alcoólica não produzem enzimas capazes de decompor substratos complexos, como amido ou celulose. Portanto, pode ser necessária uma hidrólise prévia chamada sacarificação.

Um exemplo é a ação enzimática sobre a cevada para obtenção do malte, fonte do dissacarídeo maltose. Já a cana-de-açúcar, as frutas maduras e o mel possuem dissacarídeos ou monossacarídeos em sua composição, como sacarose e glicose. A reação representada a seguir ilustra a fermentação de uma molécula de glicose pela *S. cerevisiae*, produzindo duas moléculas de etanol e duas moléculas de gás carbônico:

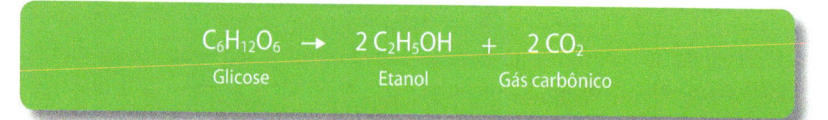

$$C_6H_{12}O_6 \rightarrow 2\,C_2H_5OH + 2\,CO_2$$
$$\text{Glicose} \quad\quad \text{Etanol} \quad\quad \text{Gás carbônico}$$

No caso das bebidas alcoólicas, o álcool é o produto de interesse a ser obtido. Os espumantes retêm em seu interior ambos os compostos produzidos, com a presença do álcool e do gás carbônico, que é responsável pela liberação de borbulhas.

Já na produção dos pães com fermento biológico, que pode conter *Lactobacillus* spp., além das leveduras, o gás carbônico formado na fermentação fica retido dentro da estrutura do glúten, acarretando o crescimento na massa do pão. A cocção da massa interromperá a fermentação e proporcionará estabilidade à massa. A Figura 5.6 apresenta imagens do processamento relacionado à fermentação alcoólica.

> **DICA**
> Os gêneros *Pediococcus*, *Streptococcus*, *Lactococcus* e *Vagococcus* são homofermentativos, assim como alguns *Lactobacillus*.

Fermentação láctica

O processo de transformação de monossacarídeos em ácido láctico é denominado fermentação láctica. Os micro-organismos envolvidos podem estar naturalmente presentes nos alimentos ou são adicionados como uma cultura iniciadora, a fim de produzirem compostos que auxiliarão na conservação dos derivados.

A fermentação pode ser homoláctica ou homofermentativa (quando apenas ácido láctico é gerado), ou heteroláctica ou heterofermentativa (quando etanol e gás carbônico também são produzidos). A divisão do grupo em dois se baseia nos produtos finais do metabolismo da glicose, sendo que aqueles que produzem ácido láctico como o principal e único produto da fermentação da glicose são chamados de homofermentativos.

Os homolácticos são capazes de extrair cerca de duas vezes mais energia de uma determinada quantidade de glicose em relação aos heterolácticos. Esse padrão ho-

A) B) C)

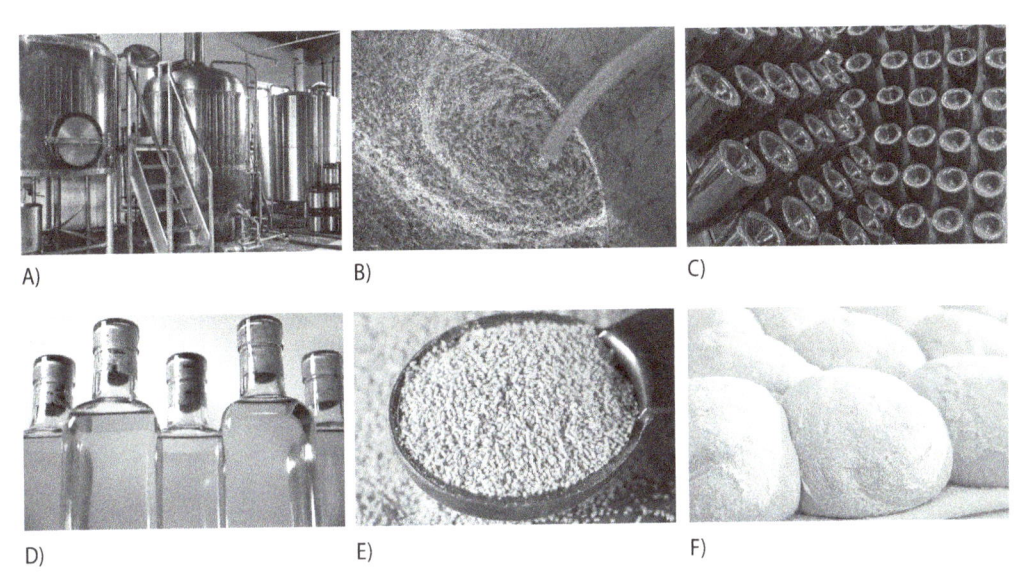

D) E) F)

Figura 5.6 Processamento envolvendo a fermentação alcoólica. A) Tanques de fermentação de cerveja. B) Tanque de fermentação em vinícola. C) Fermentação do espumante pelo método tradicional (método Champenoise). D) Hidromel, bebida fermentada à base de mel. E) Levedura utilizada na fermentação do pão. F) Crescimento da massa do pão durante a fermentação.
Fonte: iStock/Thinkstock.

mofermentativo é observado no metabolismo de glicose, mas não necessariamente na metabolização de pentoses, quando alguns homolácticos produzem ácido acético e ácido láctico a partir de pentoses.

Isso pode ainda ser observado por alteração das condições de crescimento, como concentração de glicose, pH e limitação de nutrientes. As bactérias lácticas que produzem quantidades molares equivalentes de lactato, dióxido de carbono e etanol a partir de hexoses são classificadas como heterofermentativas.

Os heterolácticos são mais importantes na produção de componentes relacionados ao sabor e aroma, como acetilaldeído e diacetil. Além desses compostos, há bactérias lácticas que produzem bacteriocinas, compostos que apresentam atividade contra bactérias contaminantes em alimentos.

As bactérias lácticas podem ser empregadas como iniciadoras (*starter*) naturais ou selecionadas nos processos fermentativos em alimentos, nos quais produzem acidificação devido à produção dos ácidos láctico e acético e a compostos relacionados ao sabor. As culturas iniciadoras produzem uma ampla variedade de metabólitos antimicrobianos, incluindo:

- Ácidos orgânicos
- Diacetil
- Acetoína

>> **DICA**
Os gêneros *Leuconostoc*, *Oenococcus*, *Weissella*, *Carnobacterium*, *Lactosphaera* e alguns *Lactobacillus* são heterofermentativos.

- Peróxido de hidrogênio
- Compostos antifúngicos (ácidos graxos ou ácido fenilacético)
- Bacteriocinas

Essa atividade antimicrobiana pode contribuir para a melhoria da qualidade de alimentos fermentados como, por exemplo, no controle de patógenos, aumentando a vida de prateleira e melhorando as características sensoriais. A fermentação láctica é utilizada na produção de queijos, leites fermentados, embutidos cárneos fermentados, picles, molhos e pastas de pescado.

Os salames são embutidos cárneos em que ocorre a fermentação láctica, que introduz um sabor mais ácido ao alimento. A diminuição do pH torna o meio menos favorável ao crescimento de bactérias indesejáveis, afetando ainda a atividade de água, já que o pH pode aumentar a capacidade de retenção de água pelas proteínas presentes.

A fermentação de produtos lácteos pode envolver desde bactérias deteriorantes (que causarão acidez excessiva no leite e sua consequente impossibilidade de uso na indústria) até a produção de derivados com interesse industrial, como iogurte, leite fermentado, kefir, coalhada e vários tipos de queijos.

O iogurte envolve a presença de *Streptococcus salivarius* subsp. *thermophilus* e *Lactobacillus delbrueckii* subsp. *bulgaricus*, produzindo ácido láctico e outros ácidos orgânicos, bem como compostos relacionados ao sabor e aroma. No processamento tradicional de queijos, o leite é acidificado por bactérias, que fermentam a lactose em ácido láctico.

As cepas de *Lactococcus lactis* subsp. *lactis* e *Lactococcus lactis* subsp. *cremoris* vêm sendo usadas como iniciadoras para a fabricação de queijos, mas outras podem ser empregadas dependendo do tipo de produto. Alguns exemplos são:

- *L. casei* subsp. *casei*
- *L. casei* subsp. *pseudoplantarum*
- *L. paracasei* subsp. *paracasei*
- *L. plantarum*
- *S. diacetylactis*
- *S. cremoris*
- *S. lactis*

A fermentação em produtos vegetais inicia com uma competição, devido à grande quantidade de micro-organismos, e por meio da metabolização dos açúcares presentes na matéria-prima. As bactérias lácticas crescem inicialmente e de forma rápida, acarretando um controle de contaminantes.

As bactérias dos gêneros *Leuconostoc* e *Lactobacillus* predominam, e o pH diminui progressivamente, o que leva à prevalência de *L. plantarum*, *L. mesenteroides* e *L. brevis*. Esse processo pode ser aplicado a pepino, azeitonas verdes e repolho para produzir chucrute. As salmouras podem conter quantidades adicionais de vinagre (picles azedo), adição de açúcar (picles doce) ou de especiarias e aromatizantes.

> **» DICA**
> A fermentação no salame pode ocorrer naturalmente ou pela adição de culturas indicadoras, entre elas bactérias dos gêneros *Pediococcus*, *Micrococcus* e *Lactobacillus*. Espécies como *P. cerevisiae*, *P. acidilactici*, *M. aurantiacus* e *L. plantarum* são as mais utilizadas.

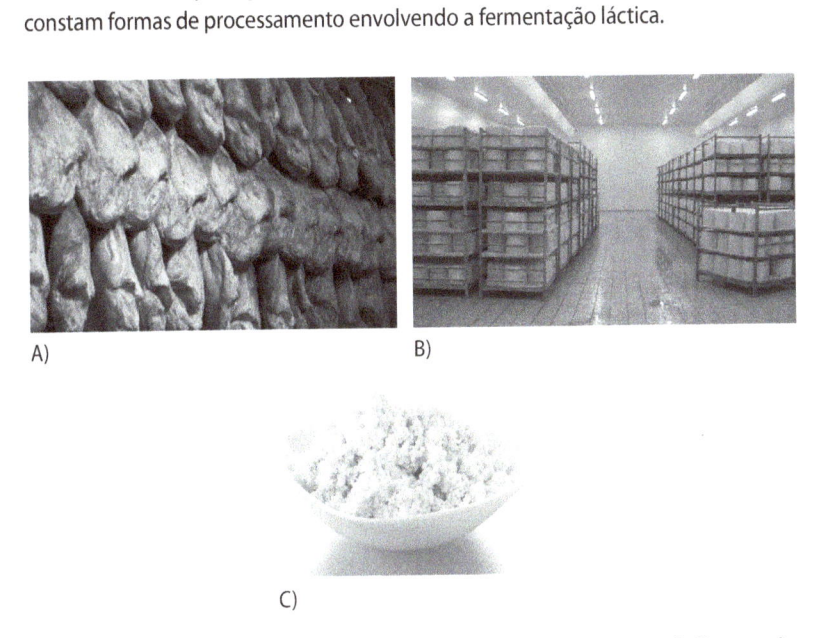

O molho de soja é produzido a partir de uma mistura de cereais e grãos de soja moídos, por meio de uma fermentação por *Pediococcus soyae* (ou *Pediococcus halophilos*), que levará a uma diminuição do pH para em torno de 5,0. Inicia então a fermentação alcoólica mediada por *Zigosaccharomyces rouxii* e espécies de *Candida*. Na Figura 5.7, constam formas de processamento envolvendo a fermentação láctica.

Figura 5.7 Processamento envolvendo a fermentação láctica. A) Câmara de maturação de presunto cru fermentado. B) Câmara de maturação de queijos. C) Coalhada fresca, obtida por ação das bactérias lácticas.
Fonte: iStock/Thinkstock.

Fermentação propiônica

A fermentação propiônica está vinculada à formação de olhaduras em queijos. A presença de olhaduras regulares, lisas e brilhosas é considerada um atributo de qualidade em queijos suíços, como o emmental e o gruyère (Figura 5.8). Em queijos de massa cozida e prensada, o ácido propiônico é responsável pelo aroma.

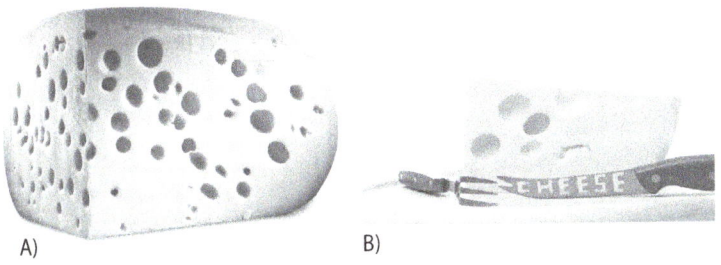

Figura 5.8 A) Queijo emmental. B) Queijo gruyère.
Fonte: iStock/Thinkstock.

O ácido láctico, na forma do sal correspondente a lactato de cálcio, é degradado a ácido propiônico, ácido acético e gás carbônico, o último responsável pela formação das olhaduras. As bactérias que realizam esse tipo de fermentação em queijos são a *Propionibacterium freudenreichii* subsp. *shermanii* e *P. freudenreichii* subsp. *freudenreichii*.

Fermentação acética

A transformação do álcool em ácido acético leva à produção do vinagre. Participam dessa fermentação as bactérias acéticas, sendo a *Acetobacter aceti* a mais comum. Os compostos aromáticos podem ser formados durante a maturação do vinagre por meio da reação entre o etanol residual e o ácido acético formado, dando origem ao acetato etílico, que fornece o aroma característico ao produto.

A produção de vinagre pode envolver um processo lento, que utiliza o suco de uva ou de outras frutas, passando por uma fermentação alcoólica. O álcool produzido é submetido a uma posterior fermentação acética. O processo rápido utiliza diretamente o álcool para a fermentação acética, originando o vinagre de álcool, que é considerado um produto de qualidade inferior.

Fermentação do ácido cítrico

A fermentação do ácido cítrico gera diacetil e acetoína, compostos relacionados ao aroma em produtos lácteos, como manteiga, *cream cheese* e queijo cottage. Esse processo envolve bactérias heterolácticas, como *Leuconostoc cremoris*, *Leuconostoc citrovorum*, *Leuconostoc dextranicum* e *Streptococcus lactis* subsp. *diacetilactis*.

Além da fermentação que utiliza o ácido cítrico como substrato, há um processo industrial para sua obtenção como produto final da fermentação. A produção de ácido cítrico, para uso como acidulante em alimentos, pode ocorrer a partir da fermentação do açúcar por *Aspergillus niger*.

Fermentação maloláctica

A fermentação maloláctica é empregada durante a vinificação para redução da acidez total. Essa fermentação é realizada após a fermentação alcoólica e consiste na metabolização do ácido málico em ácido láctico e gás carbônico. Ocorre paralelamente uma pequena elevação da acidez volátil e do pH do vinho.

Os micro-organismos envolvidos nessa reação são as bactérias lácticas que, além do ácido málico, podem usar o ácido cítrico e o açúcar residual da fermentação alcoólica como substratos.

» Uso de aditivos

Conforme visto no Capítulo 4, os aditivos são substâncias adicionadas intencionalmente aos alimentos com o objetivo de modificar suas características, podendo ser utilizados para melhorar as características organolépticas, as características nutricionais ou a conservação do produto. Na categoria de aditivos que modificam ou melhoram as características organolépticas, estão:

- Aditivos relacionados com a cor dos alimentos.
- Aditivos que interferem no aroma dos alimentos.
- Aditivos que interferem no sabor dos alimentos.
- Aditivos relacionados com a textura dos alimentos.

A cor de um alimento é muito importante para a aceitação do consumidor, interferindo também na percepção do sabor e da qualidade do produto. Os aditivos relacionados com a cor são os corantes, definidos como substâncias que conferem, intensificam ou restauram a cor de um alimento. A legislação brasileira classifica os corantes em cinco categorias (Quadro 5.3).

Os corantes artificiais apresentam diversas vantagens em relação aos naturais. De forma geral, são mais estáveis (à luz, oxigênio, calor e pH), têm maior poder tintorial,

Quadro 5.3 » Classificação de corantes

Corante orgânico natural	É aquele obtido a partir de vegetal ou eventualmente de animal, cujo princípio do corante tenha sido isolado com o emprego de processo tecnológico adequado (p.ex., carmim de cochonilha, clorofila, carotenos, urucum, cúrcuma).		
Corante orgânico sintético	É o corante obtido por síntese orgânica mediante o emprego de processos tecnológicos adequados.	**Corante orgânico artificial**	É um corante orgânico sintético não encontrado em produtos naturais (p.ex., tartrazina, amarelo crepúsculo, vermelho ponceau e azul brilhante).
		Corante orgânico sintético idêntico ao natural	É um corante orgânico sintético cuja estrutura química é semelhante à do princípio ativo isolado de corante orgânico natural (p.ex., betacaroteno).
Corante inorgânico	É aquele obtido a partir de substâncias minerais e submetido a processos de elaboração e purificação adequados a seu emprego em alimento (p.ex., dióxido de titânio e carbonato de cálcio).		
Caramelo	É um corante natural obtido pelo aquecimento de açúcares à temperatura superior ao ponto de fusão.		
Caramelo processo amônia	É um corante orgânico sintético idêntico ao natural obtido pelo processo de amônia, desde que o teor de 4-metil-imidazol não exceda no corante a 200mg/kg.		

Fonte: Adaptado de Brasil (1977).

conferem uma cor mais uniforme ao produto, são mais solúveis em água, apresentam menor probabilidade de contaminação microbiológica e têm um custo de produção relativamente baixo. No entanto, o uso de corantes artificiais tem sido periodicamente questionado em função dos aspectos toxicológicos dessas substâncias.

As substâncias que interferem no aroma dos alimentos ou aromatizantes são definidas pela legislação brasileira como substâncias ou misturas de substâncias com propriedades odoríferas e/ou sápidas capazes de conferir ou intensificar o aroma e/ou sabor dos alimentos. Podem se apresentar na forma sólida, líquida ou pastosa. A legislação brasileira classifica os aromatizantes em cinco categorias (Quadro 5.4).

Quadro 5.4 » Classificação dos aromatizantes

Aromatizantes naturais	São aqueles obtidos exclusivamente por métodos físicos, microbiológicos ou enzimáticos, a partir de matérias-primas naturais. Nessa categoria, citam-se os óleos essenciais, os bálsamos, os extratos, entre outros.		
Aromatizantes sintéticos	São os compostos quimicamente definidos obtidos por processos químicos.	Aromatizante artificial	São os compostos químicos obtidos por síntese, que ainda não tenham sido identificados em produtos de origem animal, vegetal ou microbiana, utilizados em seu estado primário ou preparados para o consumo humano.
		Aromatizante sintético idêntico ao natural	São as substâncias quimicamente definidas obtidas por síntese e aquelas isoladas por processos químicos a partir de matérias primas de origem animal, vegetal ou microbiana que apresentam uma estrutura química idêntica às substâncias presentes nas referidas matérias primas naturais (processadas ou não).
Misturas de aromatizantes	• Consiste na mistura de duas ou mais substâncias aromatizantes. • A sua classificação irá depender dos aromatizantes presentes na mistura.		
Aromatizantes de reação ou transformação	• São os produzidos por meio da reação de uma fonte de nitrogênio proteico e uma fonte de carboidrato em determinadas condições. • São produzidos utilizando a reação de Maillard (Capítulo 3).		
Aromatizantes de fumaça	• São preparações concentradas, utilizadas para conferir aroma de defumado aos alimentos.		

Fonte: Brasil (2007).

Com relação ao sabor dos alimentos, além dos aromatizantes, têm-se os edulcorantes (que conferem sabor doce), os acidulantes (que conferem sabor ácido, além de ajudar na conservação do produto), os sais (que conferem sabor salgado) e os realçadores de sabor (o mais utilizado é o glutamato monossódico).

Existem muitos aditivos utilizados para manter, modificar ou melhorar a textura dos alimentos. Nessa categoria, encontram-se os espessantes, geleificantes, estabilizantes, emulsificantes, espumantes, umectantes, antiumectantes, entre outros (diversos foram abordados no item Modificação da textura). Essas substâncias podem fazer parte das matérias-primas ou serem adicionadas como aditivos para conferir essas propriedades.

> **» CURIOSIDADE**
> Pela legislação brasileira, não é necessário indicar na lista de ingredientes do produto qual é o aromatizante utilizado, somente a sua classificação (aromatizante natural, idêntico ao natural ou artificial).

» Prática: identificação de operações de transformação

» Introdução

A indústria de alimentos utiliza diversas operações unitárias de transformação para modificar os produtos. Entre elas, podem ser destacados: a mistura, a redução do tamanho (moagem, trituração e corte para alimentos sólidos, atomização, homogeneização e emulsificação para alimentos líquidos), o aumento de tamanho (floculação, aglomeração), a modificação da textura (geleificação, texturização), a extrusão (a frio ou a quente) e a fermentação (lática, alcoólica, acética, propiônica, malolática, do ácido cítrico).

» Objetivo

Identificar as operações unitárias de transformação utilizadas na produção de diferentes produtos.

» Procedimentos

- Colocar em cima da(s) bancada(s) diversos gêneros alimentícios em suas embalagens originais, sugerindo-se os seguintes: farinha de milho, carne moída, proteína de soja, geleia (de qualquer sabor), bebida láctea de morango (ou outro sabor que contenha corantes e aromatizantes na formulação), vinagre, vinho, cerveja, salgadinho do tipo "milhopan", queijo gruyère ou emmental, salame, mousse de chocolate, pão embalado em fatias, massa seca tipo parafuso, leite em pó integral não instantâneo e leite em pó integral instantâneo.

- Para as amostras de leite em pó, proceder da seguinte forma:
    1. Aquecer 120mL de água a 50°C.
    2. Dissolver uma colher de sopa (20g) de leite em pó integral em um copo de 60mL de água aquecida.
    3. Anotar quanto tempo levou a dissolução na Tabela 5.1 (desenhe-a em seu caderno seguindo o modelo a seguir).
    4. Dissolver uma colher de sopa (20g) de leite em pó integral instantâneo em um copo de 60mL.
    5. Anotar quanto tempo levou a dissolução na Tabela 5.1.

Tabela 5.1 » Dissolução do leite em pó

Produto	Leite em pó	Leite em pó instantâneo
Tempo de dissolução (s)		
Ingredientes do leite em pó		
Observações		

- Para todas as amostras e para cada um dos alimentos apresentados, proceder da seguinte forma:
    1. Verificar na lista de ingredientes a presença de aditivos utilizados para fins organolépticos (relacionados com cor, aroma, sabor ou textura do alimento).
    2. Procurar estabelecer as etapas de elaboração do produto, identificando a presença de operações de transformação.
    3. No caso de alimentos que tenham passado por um processo fermentativo, identificar o tipo de fermentação.

» Agora é a sua vez!

1. Relate o que ocorreu durante o experimento com os leites em pó.
2. Que processo(s) de transformação foi(foram) aplicado(s) aos dois leites em pó pela indústria? Justifique sua resposta.
3. Quais são as operações de transformação aparecem com maior frequência nos produtos estudados?
4. Em que produtos você acredita que as operações de transformação resultaram em mais mudanças ao comparar o produto final com a matéria-prima utilizada para sua elaboração?
5. Discuta a influência das operações de transformação na aceitação do consumidor.

Prática: uso de aditivos

Introdução

A gelatina é um aditivo hidrofílico utilizado frequentemente como agente espessante. Na indústria de alimentos, a gelatina é utilizada para firmar recheios, cremes e mousses, sem interferir no sabor do produto final.

Os aromatizantes são aditivos que têm a função de conferir características de cheiro e sabor aos alimentos industrializados. Já os corantes são aditivos alimentares que conferem aos produtos alimentícios intensificação de cor.

Objetivos

- Realizar processos de transformação por meio do uso de aditivos.
- Relacionar os processos aplicados com as percepções sensoriais.

Materiais

- 40g de gelatina em pó sem sabor.
- 360mL de água.
- Dois copos de Becker de 500mL.
- Aromatizante butanoato de etila.
- Aromatizante éster acetato de octila.
- Corante amarelo crepúsculo.
- Corante vermelho de eritrosina.
- Doze copos de cafezinho de 50mL.

Procedimentos

Primeira parte
- Amostra 1:
  1. Pesar 20g de gelatina em pó sem sabor.
  2. Medir 180ml de água em proveta.
  3. Hidratar a gelatina com a água e deixar até obter uma pasta (poucos minutos).
  4. Derreter a pasta em banho-maria.
  5. **Atenção**: não deixe ferver!
  6. Com a mistura ainda quente, adicionar o aromatizante butanoato de etila (utilizar a quantidade conforme indicação do fabricante no rótulo do produto).
  7. Acrescentar o corante amarelo crepúsculo (quantidade conforme indicado pelo fabricante) e misturar.
  8. Acrescentar 20g de açúcar.
  9. Dividir em seis copos de cafezinho e esperar gelatinizar.

- Amostra 2:
  Repetir o procedimento utilizado para a amostra 1, utilizando como corante o vermelho de eritrosina e como aromatizante o éster acetato de octila.

Segunda parte
- Oferecer aos colegas de aula (que não acompanharam a prática) duas amostras.
- Solicitar que identifiquem os sabores das amostras e respondam às seguintes questões:
  1. Descreva quais produtos você provou.
  2. Qual é o sabor da primeira amostra? E da segunda?

>> Agora é a sua vez!

1. Relate o que ocorreu durante o experimento em relação à dissolução da gelatina.
2. O que aconteceria se, ao levar em banho-maria, a gelatina dissolvida em água fervesse?
3. As pessoas que degustaram as gelatinas identificaram os sabores? Discuta o resultado e o justifique.

>> Prática: processos fermentativos – produção de cerveja

>> Introdução

Dentre os processos de transformação, encontram-se os processos fermentativos, os quais estão envolvidos na produção de vários alimentos. Alguns deles serão abordados também nos Capítulos 6 e 7. No Capítulo 5, a prática sugerida é a de produção de cerveja, um processo que vem ganhando destaque também como produção artesanal.

>> Objetivos

- Realizar um processo fermentativo para obtenção de cerveja artesanal.
- Relacionar os processos aplicados com as características da bebida obtida.
- Acompanhar a evolução do processo por meio de parâmetros físico-químicos e sensoriais ao longo do processamento.

>> Materiais

- Panelas grandes de aço inox (25 litros).
- Colheres grandes de aço inox.
- Escumadeira de aço inox.
- Peneira cônica em inox, com tela malha fina, filtro em poliéster 800µm, tipo *bag*.
- Moinho de bancada para moer malte, com discos ou rolos.
- Tanque fermentador de 25 litros para cerveja artesanal, em inox ou plástico.
- Balde ou tanque maturador de fundo cônico de 25 litros, em inox ou plástico, com torneira para enchimento das garrafas; aerador de mosto com filtro antibactéria.
- Fogão industrial.
- Máquina para colocar tampas de garrafas.
- Garrafas para cerveja.
- Tampas para fechamento das garrafas.
- Termômetro.
- Béquer.
- Proveta 250mL.
- Densímetro de tripla escala (densidade, graduação alcoólica, teor de açúcar).
- Solução de iodo 2%.
- Balança.
- Malte Pilsen (2,5kg).
- Lúpulo Tettnang (12g).
- Levedura cervejeira de alta fermentação (6g).
- Açúcar refinado (100g).
- Água filtrada e livre de cloro (aproximadamente 20 litros).

> **>> DEFINIÇÃO**
> Entende-se por **cerveja** a bebida resultante da fermentação, mediante levedura cervejeira, do mosto de cevada malteada ou do extrato de malte submetido previamente a um processo de cocção, adicionado de lúpulo. Uma parte da cevada malteada ou do extrato de malte poderá ser substituída por adjuntos cervejeiros. A cerveja poderá ser adicionada de corantes, saborizantes e aromatizantes e a cerveja preta poderá ser adoçada.

>> Procedimentos

Todos os materiais e utensílios utilizados neste processo deverão ser previamente esterilizados, seja em autoclave, por fervura ou escaldagem. Esses cuidados são necessários para evitar contaminação durante a fermentação.

- Moer o malte em moinho de disco ou de rolos, de forma a expor o amido do grão, mas sem prejudicar a casca do malte, pois a casca triturada dificultaria a filtração do mosto.

> **DICA**
> No aquecimento inicial do malte triturado, o objetivo é obter um mínimo de amido residual. Caso permaneça amido, pode indicar que houve falhas na moagem do malte ou que a temperatura empregada foi muito alta, levando à inativação das enzimas presentes.

- Coletar uma porção de grãos moídos e verificar que todos os grãos possuem a casca amassada ou triturada. Isso indica que a moagem está adequada.
- Em panela de aço inox, aquecer 9 litros de água a 68°C.
- Adicionar lentamente ao malte moído a água a 68°C e agitar bem.
- Deixar a mistura em repouso por 1h30min na panela tampada.
- Aquecer sempre que estiver inferior a 63°C, mantendo a temperatura até 65-66°C e homogeneizando bem.
- Evitar que a temperatura fique muito elevada.
- Coletar uma amostra do mosto com a colher e transferir para um béquer.
- Testar com iodo 2% e verificar a presença do amido no mosto, por meio do aparecimento da coloração roxa a preta.
- Caso o resultado do teste seja coloração amarelo-ouro a marrom-clara, isso indicará que não há amido residual e poderá ser feito o aquecimento gradual da mistura até 78°C.
- Por outro lado, o resultado positivo para iodo indica que a mistura deverá ser mantida por mais tempo a 65°C para que as enzimas presentes no malte atuem sobre o amido.
- Aquecer gradualmente a mistura a 78°C e manter por 10 minutos a panela fechada.
- Lavar a peneira cônica com água quente e utilizá-la para filtrar a mistura de malte e água.
- Pressionar bem o material retido na peneira para extrair o açúcar residual.
- Aquecer a 76°C mais 10 litros de água filtrada e misturar bem ao material que ficou retido na peneira, lavando bem para retirada do açúcar residual.
- Filtrar em peneira cônica e observar se o mosto está clarificado.
- Caso seja necessário, repetir a operação de filtração utilizando filtro tipo *bag* em poliéster.
- Verificar a densidade do mosto, com o auxílio de uma proveta de 250mL e um densímetro, realizando as correções de temperatura necessárias. A densidade deverá estar em torno de 1,044 g/mL.
- Colocar o filtrado clarificado em uma panela e aquecer até fervura.
- Adicionar o lúpulo aos poucos e aguardar 1h sob fervura.
- Verificar a densidade, que deverá estar em torno de 1,050 g/mL.
- Agitar com o auxílio de uma colher e deixar em repouso por 20 minutos, com a panela tampada.
- Resfriar a mistura a 25°C.
- Transferir esse mosto para o fermentador, tomando o cuidado de retirar todo o lúpulo.
- Passar pela peneira, se necessário.
- Se a fermentação não ocorrer em um fermentador com aeração, deverá ser adaptado um aerador com filtro antibactéria ou realizada a oxigenação por meio de agitação intensa com uma colher, previamente escaldada.
- Aquecer 200mL de água filtrada a 30°C e utilizar para dissolver a levedura cervejeira.
- Adicionar essa mistura ao mosto resfriado e fechar o fermentador. O fermentador deve ter uma abertura para saída parcial do gás carbônico formado,

- preferencialmente do tipo airlock, que impede a entrada de oxigênio e entrada de partículas ou insetos.
- A fermentação ocorrerá em temperatura ambiente, em torno de 20 a 25°C, durante 3 a 6 dias.
- Coletar uma amostra pela torneira do fermentador e, após esse período, verificar a densidade (em torno de 1,010).
- Além da densidade, a interrupção de saída de bolhas de gás também é indicativa do final da fermentação.
- Se a temperatura ambiente for muito baixa, o tempo de fermentação deverá ser prolongado.
- Durante a fermentação, ocorrerá também a decantação das partes sólidas do mosto.
- Depois de concluído o tempo de fermentação, transferir o líquido para o tanque maturador de fundo cônico (com torneira).
- O líquido decantado poderá ser retirado previamente à transferência ao tanque maturador ou deixando decantar novamente no tanque.
- Deixar o tanque à temperatura entre 0 e 10°C por 10 dias.
- Retirar o material decantado por meio da torneira.
- Coletar uma amostra da bebida obtida e verificar a densidade, a graduação alcoólica e o teor de açúcar (com densímetro de tripla escala), anotando os resultados.
- Avaliar o aspecto da bebida nessa etapa.
- A bebida obtida até o momento é o chope, que é comercializado passando por um resfriamento em chopeira.
- Realizar uma fermentação adicional na garrafa, processo chamado de *primming*.
- Adicionar 5g de açúcar para cada litro de bebida do tanque maturador e misturar bem.
- Envasar a bebida em garrafas previamente esterilizadas (em autoclave ou sob fervura), deixando um espaço de em torno de 5cm para evitar que a garrafa estoure.
- Fechar as garrafas e mantê-las em temperatura ambiente (20 a 25°C) por 3 dias.
- Abrir uma das garrafas e verificar a densidade, a graduação alcoólica e o teor de açúcar.
- Avaliar o aspecto da bebida nessa etapa e anotar os resultados.
- Colocar as garrafas em geladeira (4 a 8°C) durante 10 a 15 dias.
- Verificar novamente a densidade, a graduação alcoólica, o teor de açúcar e o aspecto da bebida, anotando os resultados.
- Realizar um tratamento térmico, colocando as garrafas submersas em água a 60°C por 15 minutos.
- Avaliar as mudanças no produto em relação a aspecto, densidade, graduação alcoólica e teor de açúcar.
- Industrialmente, a bebida passa por uma pasteurização para aumentar o tempo de conservação da cerveja.
- A Figura 5.9 contém alguns dos ingredientes e etapas da produção da cerveja artesanal para auxiliar na prática.

> **» DICA**
> O controle da temperatura é muito importante para todas as etapas dos processos fermentativos. A utilização de água clorada diminui o crescimento da levedura e a eficiência do processo fermentativo, além de modificar o sabor da bebida.

Figura 5.9 A) Malte e lúpulo. B) Levedura para produção da cerveja. C) Tanques de fermentação. D) Bebida não pasteurizada (chope). E) Bebida em tanque maturado, pronta para o envase. F) Produto engarrafado.
Fonte: iStock/Hemera/Thinkstock.

> **» NO SITE**
> Acesse o ambiente virtual de aprendizagem para fazer atividades relacionadas ao que foi discutido neste capítulo:
> www.grupoa.com.br/tekne.

» Agora é a sua vez!

1. Avalie o aspecto da bebida obtida nas diferentes etapas: chope, bebida fermentada na garrafa, bebida fermentada na garrafa e resfriada, bebida engarrafada e submetida ao tratamento térmico.

2. Monte uma tabela ou gráfico com os resultados de densidade, graduação alcoólica e teor de açúcares em todas as etapas avaliadas.

3. Relacione as alterações ocorridas com os processos empregados para obtenção da bebida.

4. A adição de açúcar no tanque maturador foi necessária?

5. Que características teriam sido alteradas no produto se não houvesse a inclusão de açúcar?

» RESUMO

Neste capítulo, discutiu-se a importância dos processos de transformação dos alimentos utilizados pela indústria alimentícia. Pode-se verificar que diferentes processos são utilizados para modificar as matérias-primas, podendo alterar tanto as propriedades funcionais como as características sensoriais dos produtos, tornando-os, muitas vezes, mais atrativos. Além disso, permitem aumentar a variedade e a qualidade dos alimentos disponíveis, contribuindo assim para a diversificação da dieta.

REFERÊNCIAS

AGÊNCIA NACIONAL DE VIGILÂNCIA SANITÁRIA (Brasil). Resolução RDC n. 2, de 15 de janeiro de 2007. Brasília, 2007. Disponível em: < http://portal.anvisa.gov.br/wps/wcm/connect/9a67750047457f218ac0de3fbc4c6735/RDC_2_2007.pdf?MOD=AJPERES>. Acesso em: 24 set. 2014.

AGÊNCIA NACIONAL DE VIGILÂNCIA SANITÁRIA (Brasil). Portaria n. 540, de 27 de outubro de 1997. Aprova o Regulamento Técnico: Aditivos Alimentares – definições, classificação e emprego. Brasília, 1997. Disponível em: < http://portal.anvisa.gov.br/wps/wcm/connect/d1b6da0047457b4d880fdc3fbc4c6735/PORTARIA_540_1997.pdf?MOD=AJPERES>. Acesso em: 24 set. 2014.

AGÊNCIA NACIONAL DE VIGILÂNCIA SANITÁRIA (Brasil). Regulamento técnico sobre aditivos aromatizantes. Disponível em: <http://portal.anvisa.gov.br/wps/wcm/connect/fe3d62804e249cdfaf02bfc09d49251b/Anexo+RDC+2.pdf?MOD=AJPERES>. Acesso em: 29 set. 2014.

BRASIL. Comissão Nacional de Normas e Padrões para Alimentos (CNNPA). Resolução n.44, de 25 de novembro de 1977. Considera corante a substância ou a mistura de substâncias que possuem a propriedade de conferir ou intensificar a coloração de alimento (e bebida). Disponível em: < http://portal.anvisa.gov.br/wps/wcm/connect/29906780474588e892cdd63fbc4c6735/RESOLUCAO_CNNPA_44_1977.pdf?MOD=AJPERES>. Acesso em: 29 set. 2014.

BRASIL. Ministério da Agricultura, Pecuária e Abastecimento. Instrução Normativa n.54, de 5 de novembro de 2001. Regulamento técnico MERCOSUL de produtos de cervejaria. [Brasília: MAPA], 2001.

EVANGELISTA, J. *Tecnologia de alimentos*. São Paulo: Atheneu, 2008.

FELLOWS, P. J. *Tecnologia do processamento de alimentos*: princípios e práticas. 2. ed. Porto Alegre: Artmed, 2006.

ISENMANN, A. F. *Operações unitárias na indústria química*. 2. ed. Timóteo: [s.n], 2013. Disponível em: < http://www.timoteo.cefetmg.br/site/sobre/cursos/quimica/repositorio/livros/ou/Operacoes_Unitarias_06-2014.pdf>. Acesso em: 23 set. 2014.

JACKSON, M. *Cerveja*. Rio de Janeiro: Zahar, 2009.

JAY, J. M. *Microbiologia de alimentos*. 6. ed. Porto Alegre: Artmed, 2005.

LIDON, F.; SILVESTRE, M. M. *Industrias alimentares*: aditivos e tecnologia. Lisboa: Escolar Editora, 2007.

MENEGUZZO, J.; MANFROI, L.; RIZZON, L. A. Sistema de produção de vinho tinto. *Embrapa Uva e Vinho, Sistemas de Produção*, v. 12, 2006.

NESPOLO, C.R. *Características microbiológicas e físico-químicas durante o processamento de queijo de leite de ovelha*. 2009. 209f. (Tese). Programa de Pós-Graduação em Microbiologia Agrícola e do Ambiente, Universidade Federal do Rio Grande do Sul, Porto Alegre, 2009.

ORDOÑEZ, J. A. et al. *Tecnologia de alimentos*: componentes dos alimentos e processos. Porto Alegre: Artmed, 2005. v. 1.

capítulo 6

Tecnologia de alimentos de origem vegetal

As matérias-primas de origem vegetal (como frutas, hortaliças e grãos alimentícios) podem ser submetidas a diversos processos com o objetivo de aumentar seu tempo de vida útil e obter produtos alimentícios diversificados. Neste capítulo, serão abordadas as principais etapas do processamento de frutas, hortaliças e grãos alimentícios e as operações preliminares comuns ao processamento desses vegetais.

Objetivos de aprendizagem

» Apresentar os fundamentos do processamento de alimentos de origem vegetal.

» Identificar as operações preliminares comuns ao processamento de frutas, hortaliças e grãos alimentícios.

» Avaliar as diferentes características do processamento de frutas, hortaliças e grãos alimentícios.

≫ Introdução

Os alimentos de origem vegetal (como as frutas e as hortaliças, por sua perecibilidade e sazonalidade) requerem um processamento que amplie sua distribuição e vida de prateleira. No caso específico dos cereais, principalmente do trigo, a produção de farinhas assume um papel importante, uma vez que elas servirão de insumo para inúmeros alimentos e para o aumento do aporte nutricional da alimentação humana.

Na maioria dos casos, para alimentos de origem vegetal, após a realização da colheita e antes das etapas do processamento propriamente dito, são necessárias etapas preliminares para preparar o alimento. Essas etapas são conhecidas como **operações preliminares** (Figura 6.1). Veja mais a seguir.

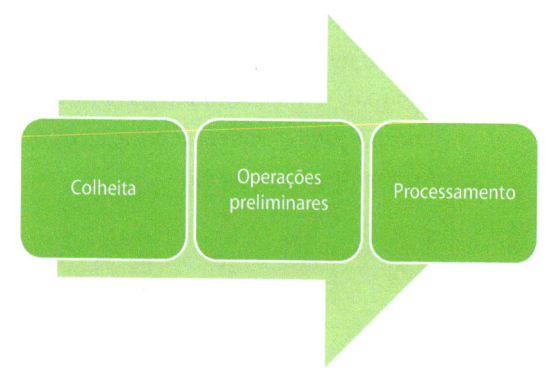

Figura 6.1 Fluxograma com as etapas básicas para elaboração de produtos de origem vegetal.
Fonte: Autoras.

≫ Operações preliminares

As operações preliminares são aquelas em que o produto está sujeito a uma preparação para o posterior processamento ou uma melhoria das condições sanitárias da matéria-prima. As principais funções dessas operações preliminares são:

- Melhorar o aspecto do produto.
- Reduzir a contaminação microbiológica.
- Homogeneizar a matéria-prima.
- Retirar materiais indesejáveis.

Embora a colheita das matérias-primas de origem vegetal seja fundamental para a qualidade do produto, essa etapa não é classificada como operação preliminar. O transporte até o local de processamento também afeta a qualidade da matéria-prima de origem vegetal. As operações preliminares são a recepção, limpeza, seleção, classificação, eliminação de materiais indesejáveis e branqueamento.

Cabe destacar que, dependendo da matéria-prima e do produto a ser elaborado, as operações preliminares necessárias podem ser diferentes. O delineamento correto das operações preliminares é muito importante e cada uma delas deve ser incluída quando for necessária.

> **» ATENÇÃO**
> Deve-se evitar o amassamento das matérias-primas de origem vegetal e sua exposição ao sol ou a altas temperaturas, mantendo uma boa ventilação. O transporte inadequado, especialmente de frutas, pode acarretar danos e perdas pós-colheita.

» Limpeza

A limpeza serve para remover matérias estranhas (pó, pedras, insetos, galhos, etc.), melhorar o aspecto e diminuir a contaminação. Em geral, a limpeza é realizada com água corrente ou potável. A limpeza pode ocorrer de forma manual ou por meio de:

- Peneiramento
- Escovas
- Aspiração para produtos secos
- Jato ou imersão para produtos úmidos

Ao realizar a limpeza utilizando jato, a pressão da água deve ser controlada para evitar danos mecânicos, dependendo da fragilidade da matéria-prima.

Em frutas, pode ser realizada uma segunda limpeza após a seleção e a classificação, por meio de imersão em água clorada a 200ppm, durante 15 a 20 minutos. Essa segunda lavagem é necessária para reduzir a alta carga microbiana proveniente do campo.

» Seleção

A operação de seleção visa separar vegetais ou frutas verdes das maduras. Objetiva também a separação de vegetais e frutas aptos dos não aptos, a fim de retirar unidades podres ou danificadas, além de uniformizar os produtos quanto à cor ou ao estágio de maturação. A seleção pode ocorrer pelo método manual ou por meio de métodos colorimétricos.

» Classificação

Essa operação depende dos critérios de classificação, como tamanho, peso, forma e grau de maturação. A função dessa operação preliminar é melhorar e uniformizar o aspecto da matéria-prima, além de prepará-la para a operação posterior. Pode-se efetuar a classificação por meio de:

- Métodos manuais
- Tamanho (por meio de peneiras)
- Peso (por meio de flotadores ou balanças)

A Figura 6.2 apresenta algumas das etapas aplicadas ao processamento de frutas.

Figura 6.2 Etapas do processamento de frutas. A) Limpeza de frutas por imersão em água clorada. B) Seleção manual. C) Embalagem após classificação.
Fonte: Stockbyte/Photodisc/Thinkstock.

» Eliminação de indesejáveis

A eliminação de indesejáveis consiste em retirar partes estranhas ao processamento, como talos, folhas, casca, caroços e sementes. Pode ser realizada de forma manual, por abrasão (por meio do uso de rolos e lixas) ou por meio do emprego de álcalis ou de calor. No processamento de frutas, a presença da casca pode ser considerada indesejável. Nesse caso, a eliminação de indesejáveis poderá ser:

- Manual (uso de facas com lâminas recurvadas)
- Mecânico (com equipamentos adaptados a um determinado tipo de fruta)
- Lixiviação ou descascamento químico

» Branqueamento

O **branqueamento** consiste em aquecer rapidamente o alimento (por meio de vapor ou água quente, em uma determinada temperatura e tempo predefinidos) e, em seguida, resfriá-lo em temperaturas próximas à temperatura ambiente. Essa operação preliminar tem diferentes funções, sendo as principais inativar enzimas, remover gases ocluídos ou realizar pré-cozimento.

> **» DICA**
> No caso de lixiviação ou descascamento químico, pode ser empregada a imersão das frutas em solução de hidróxido de sódio a 1,5 a 2,0% a quente (aproximadamente 80°C), por cerca de 1 minuto. Após, as frutas são submetidas à lavagem em água corrente, o que promoverá a despeliculagem. A neutralização de resíduos de soda é realizada por meio da imersão das frutas em solução aquosa de ácido cítrico a 0,25%.

» Aspectos gerais do processamento de cereais

Uma vez que os nutrientes estão distribuídos de forma não uniforme nas diferentes partes do grão, durante o processamento eles podem ser separados (remoção de partes do grão), concentrados e perdidos.

Também podem ocorrer mudanças químicas (como inativação de enzimas e hidrólise de polissacarídeos) ou mudanças físicas (como difusão de vitaminas) nos nutrientes. A Figura 6.3 apresenta o efeito do processamento de alimentos de origem vegetal e os derivados produzidos.

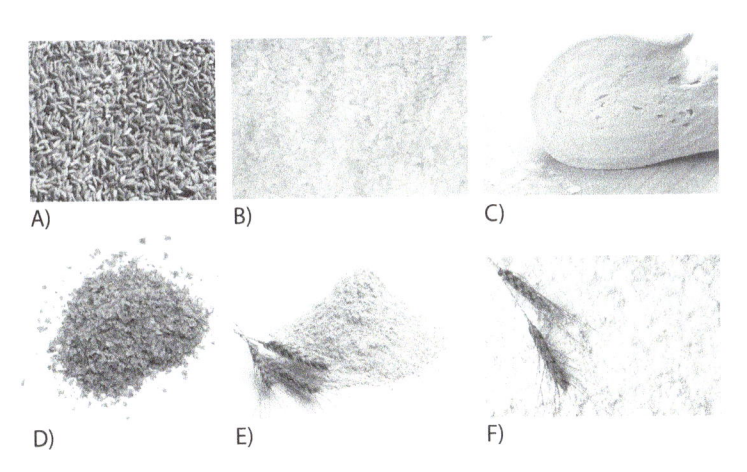

Figura 6.3 Efeito do processamento e os derivados de alimentos de origem vegetal. A) Arroz integral. B) Arroz parboilizado. C) Retenção de gás pelo glúten durante a panificação. D) Farelo de trigo. E) Farinha de trigo integral. F) Farinha de trigo refinada.
Fonte: iStock/Thinkstock.

> **DEFINIÇÃO**
> **Cereal** pode ser definido como qualquer grão ou fruto comestível da família das gramíneas que pode ser usado como alimento.

> **DEFINIÇÃO**
> A **gliadina** é uma proteína pouco elástica e extensível que confere extensibilidade à massa. Já a **glutelina** é uma proteína elástica e pouco extensível que confere estabilidade à massa.

> **DICA**
> As vitaminas do grupo B e os tocoferóis são encontrados no germe de trigo e na aveia.

» Características dos cereais

Os cereais possuem papel fundamental como fonte de nutrientes e fibras na alimentação humana. Do ponto de vista da tecnologia de alimentos, são muito importantes devido às variadas formas que podem ser utilizadas para o consumo. Os cereais mais utilizados e conhecidos são:

- Trigo
- Arroz
- Aveia
- Cevada
- Milho
- Centeio
- Sorgo

Esses vegetais apresentam alto teor de carboidrato e baixa perecibilidade em decorrência do baixo teor de umidade.

O amido é o principal carboidrato encontrado nos cereais em seu endosperma. Esse carboidrato possui duas frações distintas, conhecidas como amilose (cadeia linear) e amilopectina (cadeia ramificada). As proteínas presentes nesses cereais dividem-se em quatro tipos:

- Albuminas: solúveis em água
- Globulinas: solúveis em soluções salinas
- Prolaminas: solúveis em soluções alcoólicas
- Gluteninas: insolúveis e parcialmente solúveis em soluções ácidas e alcalinas

O trigo apresenta duas proteínas principais (prolamina ou gliadina e glutelina), que juntas formam o glúten, responsável pelas propriedades viscoelásticas da massa de pão. Já os minerais se concentram nas camadas externas do grão, enquanto as vitaminas se concentram no germe e no aleurona.

Processamento do arroz

No arroz, em estado natural, as vitaminas e os sais minerais estão localizados na película e no germe do grão. Com o pré-cozimento do processo de parboilização, esses elementos se concentram no interior do grão. A Figura 6.4 apresenta as etapas do processamento do arroz.

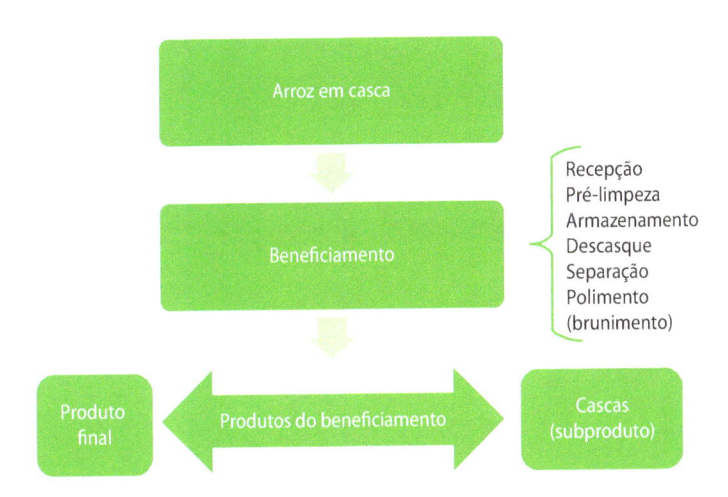

```
                    Arroz em casca
                          │
                          ▼                    ┌ Recepção
                                               │ Pré-limpeza
                                               │ Armazenamento
                    Beneficiamento   ─────────┤ Descasque
                                               │ Separação
                          │                    │ Polimento
                          ▼                    └ (brunimento)
   Produto   ←── Produtos do beneficiamento ──→   Cascas
    final                                       (subproduto)
```

Figura 6.4 Processamento do arroz (Oryza sativa).
Fonte: Autoras.

O Quadro 6.1 apresenta os subprodutos do polimento do arroz e as finalidades para as quais podem ser utilizados.

Quadro 6.1 » Subprodutos do polimento do arroz e suas aplicações

Subproduto	Aplicações
Casca	• Ração animal • Abrasivos • Combustível (poder calorífico é 30% superior ao da madeira) • Agente filtrante (cinzas)
Farelo gordo	• Razão animal • Óleo
Quirera (arroz polido quebrado)	• Cervejas • Ração animal

Outros subprodutos do arroz são amido, farinha, arroz pré-cozido, arroz expandido, cereais matinais, saquê e óleo de arroz. A Figura 6.5 apresenta o processamento do arroz parboilizado.

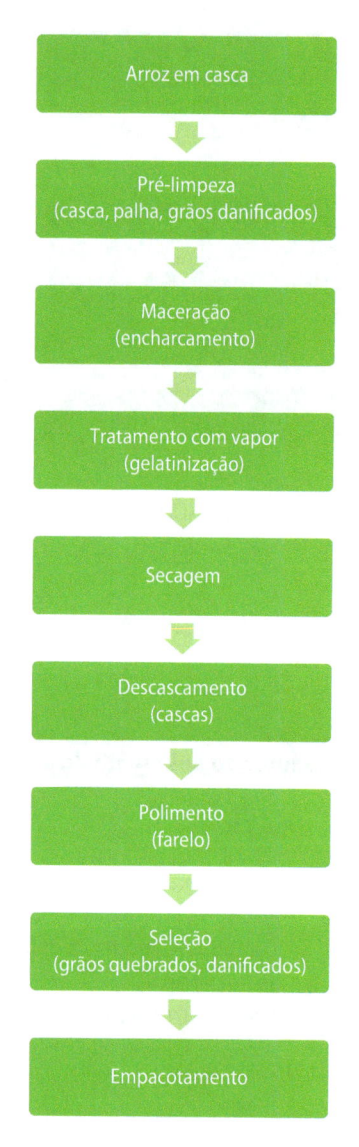

```
Arroz em casca
    ↓
Pré-limpeza
(casca, palha, grãos danificados)
    ↓
Maceração
(encharcamento)
    ↓
Tratamento com vapor
(gelatinização)
    ↓
Secagem
    ↓
Descascamento
(cascas)
    ↓
Polimento
(farelo)
    ↓
Seleção
(grãos quebrados, danificados)
    ↓
Empacotamento
```

Figura 6.5 Processo de parboilização do arroz.
Fonte: Autoras.

Processamento da farinha de trigo

O trigo é matéria-prima para a elaboração de alimentos consumidos diariamente na forma de pães, biscoitos, bolos e massas. A Figura 6.6 apresenta o processamento do trigo para obtenção de farinha e farelo.

Panificação

A Figura 6.7 apresenta as etapas de elaboração de pães.

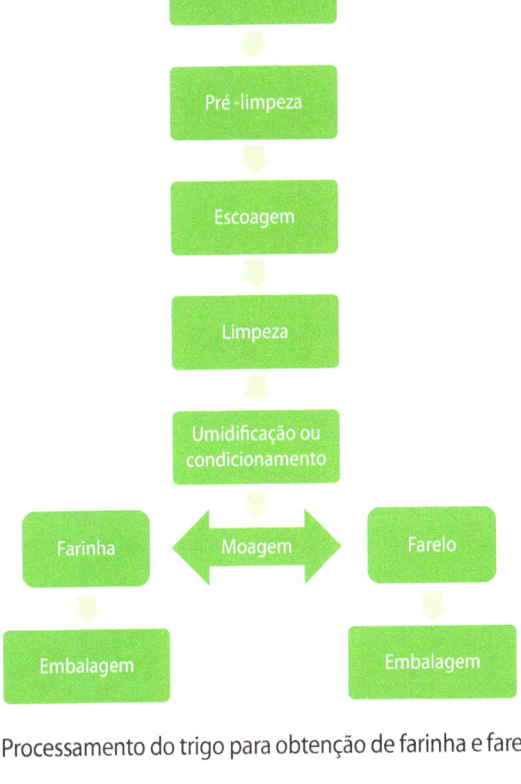

Figura 6.6 Processamento do trigo para obtenção de farinha e farelo de trigo.
Fonte: Autoras.

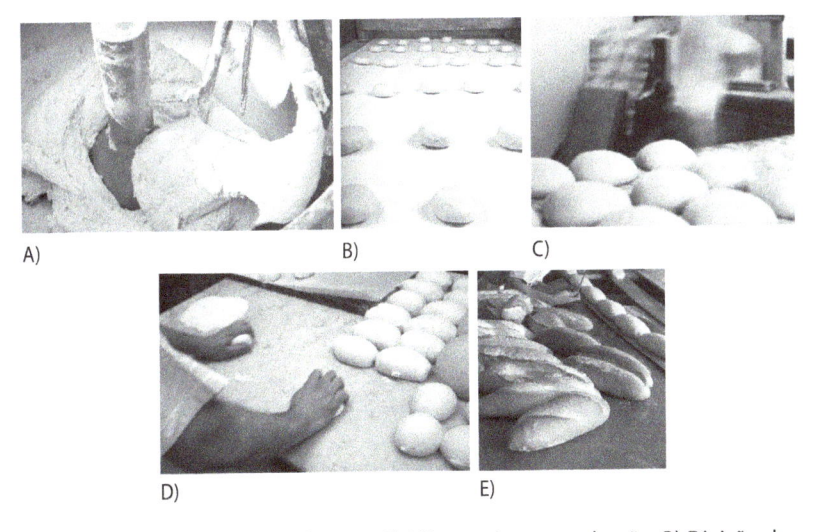

Figura 6.7 Etapas da panificação. A) Mistura da massa de pão. B) Divisão da massa. C) Descanso da massa. D) Moldagem. E) Massa após cozimento.
Fonte: iStock/Photodisc/Thinkstock.

A seguir, serão abordadas as funções dos ingredientes empregados na elaboração de pães.

Farinha
O teor e a qualidade das proteínas formadoras do glúten na farinha de trigo são os principais fatores responsáveis pelo seu potencial de panificação, porém, o amido e os lipídios também são necessários para a produção de pães com volume, textura e frescor adequados.

Durante o processo de mistura, as proteínas insolúveis (gliadinas e gluteninas) da farinha de trigo hidratam-se, formando o glúten, que é capaz de reter os gases produzidos pelas leveduras, resultando, dessa forma, em um produto fermentado de baixa densidade.

> **» DICA**
> Em geral, a porcentagem mais indicada de sal em uma massa é de 1,5% a 2,0%. O excesso pode alterar o sabor do produto final e a falta pode trazer deficiências, como uma massa não maleável, difícil de trabalhar e menos elástica.

Água
A importância da água está na formação da massa, pois hidrata a farinha, assegura a união das proteínas que dão origem ao glúten e, ao mesmo tempo, fornece meio propício ao desenvolvimento da atividade enzimática e consequentemente à fermentação do pão.

Sal
De maneira geral, o sal contribui positivamente para a massa do pão porque melhora as características de plasticidade da massa e a força do glúten. Além disso, melhora as características da crosta e o sabor do produto final do pão, afetando suas características de conservação, devido às propriedades higroscópicas.

Fermento
O fermento normalmente utilizado é o do tipo fresco, oriundo da espécie *S. cerevisiae*. No processo de panificação, sua função principal é provocar a fermentação dos açúcares, produzindo gás carbônico, que, ao mesmo tempo, é responsável pela formação dos alvéolos internos do miolo e pelo crescimento da massa.

Açúcar
O açúcar (sacarose) é usado na panificação com dois grandes intuitos: conferir sabor ao produto e servir de alimento ao fermento. A sacarose não consumida na fermentação torna a crosta do pão mais fina e escura.

Gorduras
As gorduras são empregadas na panificação com o objetivo de melhorar a plasticidade e tolerância à fermentação das massas, além de conferir cor, sabor e maciez aos pães. Seu uso reduz o atrito entre as camadas de glúten e a masseira e também reduz a absorção de água da receita.

Aspectos gerais do processamento de frutas e hortaliças

Além dos cereais, o processamento de frutas e hortaliças ocupa lugar de destaque na tecnologia de alimentos de origem vegetal. Por se tratar de um tema bastante amplo, serão abordados aqui apenas aspectos gerais relativos ao processamento de frutas e hortaliças.

As frutas e hortaliças minimamente processadas são vegetais manipulados com o propósito de alterar a sua apresentação para consumo. O processamento mínimo ocasiona alterações fisiológicas que afetam a viabilidade e a qualidade do produto. Para ampliar a vida de prateleira desses produtos, recorre-se ao controle da temperatura, associado ao uso criterioso de embalagens e de tecnologia de modificação de atmosfera.

Além disso, o processamento mínimo favorece a contaminação por micro-organismos deteriorantes e patogênicos por meio do manuseio e do aumento das injúrias nos tecidos vegetais. O Quadro 6.2 apresenta as vantagens do uso do processamento mínimo.

Quadro 6.2 » Vantagens do uso do processamento mínimo

Vantagens para o consumidor	• Maior praticidade no preparo dos alimentos. • Manutenção das características sensoriais e nutricionais do vegetal fresco. • Ausência de desperdício devido ao descarte de partes estragadas. • Maior segurança na aquisição de hortaliças limpas e embaladas. • Alta qualidade sanitária. • Possibilidade de conhecer a procedência do produto, escolher marcas e comprar menores quantidades.
Vantagens para o produtor e distribuidor	• Agregação de valor ao produto. • Produção e distribuição mais racionais. • Redução de perdas durante o armazenamento. • Redução de custos de transporte, manipulação e acomodação do produto nas prateleiras.

> **» IMPORTANTE**
> A sanitização com o uso de água clorada, tanto da planta de processamento como dos produtos minimamente processados, é essencial para a qualidade e vida de prateleira adequada desses produtos.

> **DICA**
> A pectina se forma pela decomposição da protopectina (hidrato de carbono presente nas frutas) por meio da ação de enzimas. A pectina, quando combinada com uma porção adequada de açúcar e na presença de ácidos e sais minerais, precipita-se, formando a geleia.

> **IMPORTANTE**
> Cabe ressaltar que os sais minerais presentes nas frutas interferem na sua acidez e, por consequência, na facilidade de a pectina se precipitar para formar a geleia.

> **ATENÇÃO**
> No caso de conservas de palmito, o pH deve permanecer em torno de 4,0 a 4,3 para evitar a proliferação da bactéria anaeróbia *Clostridium botulinum*, responsável pela intoxicação alimentar denominada botulismo.

Processamento de frutas para obtenção de geleias

Geleia de fruta é o produto obtido pela cocção de frutas, inteiras ou em pedaços, polpa ou suco de frutas, com açúcar e água e concentrado até consistência gelatinosa (AGÊNCIA NACIONAL DE VIGILÂNCIA SANITÁRIA, 1978).

O processo de produção de geleias e doces de frutas inicia na colheita das matérias-primas, respeitando a época de safra. Como etapas preliminares ao processo, as frutas são lavadas e selecionadas. Faz-se então a limpeza final e, em algumas frutas, há a separação das partes não aproveitáveis, como a casca e as sementes.

A forma correta e o domínio de tecnologia de armazenagem das frutas são fundamentais para a qualidade de doces e geleias. São necessárias proporções adequadas de pectina, de ácido das frutas e de açúcar para se obter geleia. Para a formação da geleia, as frutas precisam conter uma substância conhecida como **pectina**.

A pectina é encontrada na polpa das frutas, próxima à casca, ao redor das sementes e nos caroços, principalmente em frutas mais verdes. À medida que as frutas amadurecem, a pectina se transforma em ácido péctico. A acidez das frutas também é um fator importante na elaboração de geleias, pois, além de interferir no sabor do produto, os ácidos presentes nas frutas favorecem a ação da pectina.

Já o açúcar utilizado na formulação das geleias atua como conservador do produto, inibindo o crescimento de bactérias deteriorantes. Além disso, contribui significativamente para o sabor característico desses produtos.

Processamento de hortaliças em conserva

A **hortaliça em conserva** é o produto preparado com as partes comestíveis de hortaliças (que inclui tubérculos, raízes, rizomas, bulbos, talos, brotos, folhas, inflorescências, pecíolos, frutos, sementes e cogumelos comestíveis), envasadas praticamente cruas, reidratadas ou pré-cozidas, imersas ou não em líquido de cobertura apropriado, submetidas a adequado processamento tecnológico, antes ou depois de fechadas hermeticamente nos recipientes utilizados, a fim de evitar sua deterioração (AGÊNCIA NACIONAL DE VIGILÂNCIA SANITÁRIA, 1977). A Figura 6.8 apresenta as etapas da elaboração de hortaliças em conserva.

Antes de serem liberadas para o mercado consumidor, as conservas de palmito devem ficar em observação por 15 dias. Durante esse período, são feitas vistorias para verificar se há indícios de alterações no aspecto da salmoura (turvamento), estufamento de latas e tampas, vazamentos e deterioração do produto.

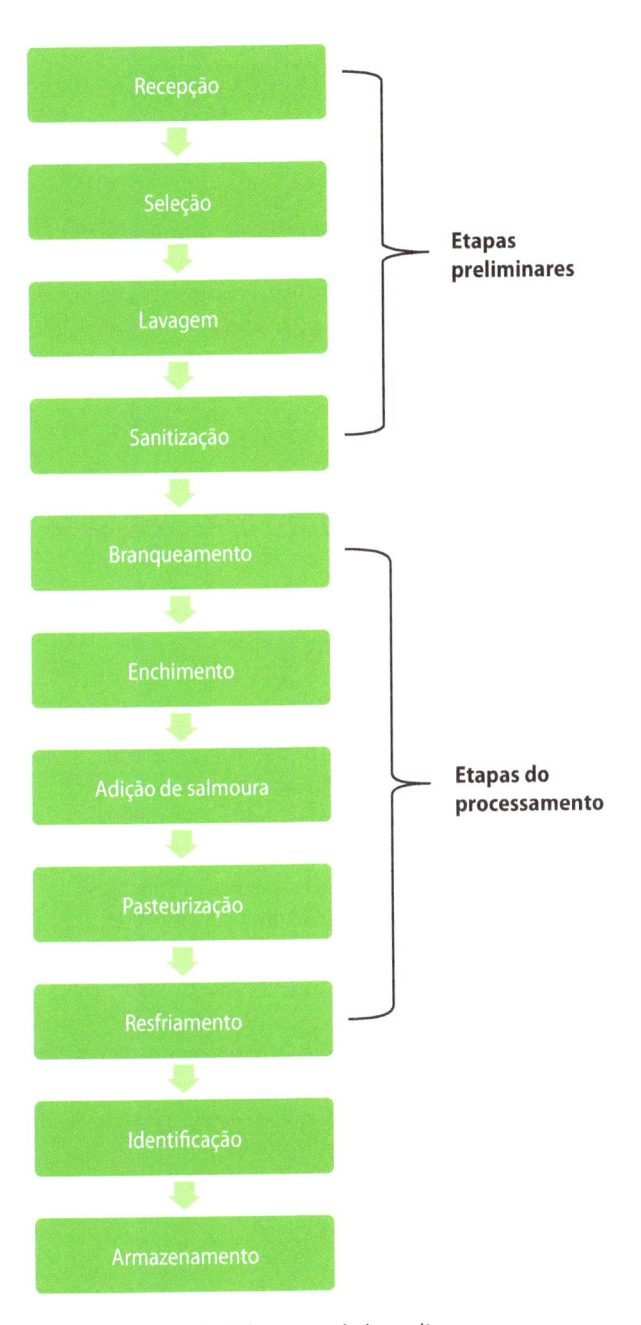

```
Recepção
   ↓
Seleção          ⎫
   ↓             ⎬ Etapas
Lavagem          ⎪ preliminares
   ↓             ⎭
Sanitização
   ↓
Branqueamento    ⎫
   ↓             ⎪
Enchimento       ⎪
   ↓             ⎪
Adição de salmoura ⎬ Etapas do
   ↓             ⎪ processamento
Pasteurização    ⎪
   ↓             ⎪
Resfriamento     ⎭
   ↓
Identificação
   ↓
Armazenamento
```

Figura 6.8 Fluxograma da elaboração de hortaliças em conserva.
Fonte: Maldonade (2009).

> » **NO SITE**
> Para mais informações sobre o botulismo, consulte o ambiente virtual de aprendizagem Tekne: **www.grupoa.com.br/tekne**.

›› Prática: panificação

›› Introdução

O pão é um alimento que resulta do cozimento de uma massa feita com a farinha de certos cereais, principalmente o trigo. Seu consumo na alimentação humana é bastante antigo. Atualmente, há pães de diferentes aspectos e tipos, dependendo da farinha, do fermento e da maneira de assar. Nesta prática, serão elaboradas duas formulações diferentes de pães: pão francês e pão doce.

›› Objetivos

- Reconhecer os processos de fabricação de produtos de panificação.
- Verificar como as variáveis do processo determinam a qualidade do produto final.

›› Procedimentos para fabricação do pão francês

- Calcular a formulação para 1.000g de pré-mistura para pão francês, utilizando a formulação da Tabela 6.1 (desenhe-a em seu caderno).
- Misturar os ingredientes secos e colocá-los na misturadora.
- Adicionar o leite (gelado) e os ovos e bater por 5 minutos na velocidade baixa.
- Desligar, acrescentar a gordura e bater por mais 10 minutos.
- Verificar a temperatura da massa (não deve exceder 30°C).
- Separar a massa em porções de 50g.
- Passar no leite e na mistura preparada de queijo ralado, cebola e tempero verde.
- Colocar numa forma untada com óleo (considerar o espaço suficiente para o crescimento da massa).
- Colocar na estufa a 30°C e 80% de umidade relativa durante 30 minutos.
- Assar no forno a 180°C durante 10 a 15 minutos.

Tabela 6.1 ›› **Formulação**

Matéria-prima	%	g ou mL
Pré-mistura para pão francês	100	
Fermento biológico seco	2	
Queijo ralado	10	
Ovos (1 ovo ≈ 50g)	20	
Leite	20	
Margarina (80% de lipídios)	30	

Procedimentos para fabricação do pão doce

Insumos
- 750g de farinha de trigo
- 30g de fermento biológico seco
- 150g de margarina
- 150g de açúcar
- 3 ovos
- 1 colher de cafezinho de sal
- 1 colher de chá de essência de baunilha
- 250mL de água morna

Procedimentos
- Misturar o fermento na água morna, acrescentar uma colher de açúcar e 100g de farinha de trigo.
- Deixar levedar por 25 minutos coberto com um pano (colocar em cima do forno).
- Após acrescentar os ovos batidos, o restante do açúcar, a margarina, o sal e a baunilha.
- Levar a massa à batedeira e começar pela velocidade baixa, adicionando bem devagar 500g farinha de trigo e observar o ponto da massa.
- Retirar da batedeira e sovar a massa, adicionando o resto da farinha até formar uma massa macia, uniforme e que desgrude das mãos.
- Fazer bolas de 5cm de diâmetro, dispondo-as uma ao lado da outra em uma fôrma redonda untada e enfarinhada até completar um círculo (não preencher a parte central).
- Deixar crescer por mais 30 minutos ou até dobrar de volume.
- Pincelar com um ovo, misturado com um pouco de óleo.
- Levar ao forno médio (200°C) por mais ou menos 30 minutos

Agora é a sua vez!

1. Elabore um fluxograma do processo adotado na confecção do produto, indicando os pontos em que as variáveis foram monitoradas (pesos, volumes, tempos, temperaturas).
2. Assim que retirar o produto do forno, pese a quantidade de produto obtido, e, com isso, calcule o rendimento.
3. Qual é a função da água durante a fabricação do pão?
4. Qual é a função do açúcar no processo de fermentação?
5. O meio em que a levedura se encontra afeta o seu crescimento?
6. Do que é constituído o fermento utilizado na fabricação do pão?

Prática: produção de hambúrguer de soja

Introdução

Segundo a legislação brasileira, entende-se por hambúrguer o produto cárneo industrializado, moldado e submetido a processo tecnológico adequado. O termo hambúrguer será utilizado nesta prática referindo-se a um produto similar no qual a matriz cárnea será substituída por soja.

Objetivos

- Propor a formulação de um produto moldado à base de soja.
- Avaliar a adição de ingrediente que favoreça a estruturação do hambúrguer de soja.

Materiais

- Recipientes de aço inox (ou vidro) para o preparo da massa; coador grande em plástico ou aço inox; processador de alimentos (ou liquidificador industrial); batedeira industrial em aço inox; modelador de hambúrguer em aço inox, com diâmetro interno de 125mm; filme plástico; balança.
- Proteína texturizada de soja (1kg); água filtrada; condimentos desidratados (alho, cebola, salsa, orégano, pimenta); sal.

Procedimentos para formulação de hambúrguer de soja com alginato

- Pesar 50g de proteína texturizada de soja e triturar até obtenção de uma farinha.
- Os 450g restantes serão deixados de molho em água filtrada morna por 10 minutos para hidratação.
- Escorrer o excesso de líquido em coador ao final do tempo de hidratação.
- Em uma batedeira, adicionar toda a proteína texturizada de soja e os condimentos listados.
- Dissolver o alginato na água, adicionar aos demais componentes e misturar até obter uma massa homogênea.
- A formulação é apresentada na Tabela 6.2.
- Separar a massa homogeneizada em porções e utilizar o modelador de hambúrguer.

Tabela 6.2 » **Formulação do hambúrguer de soja com alginato**

Componentes	Quantidades
Proteína texturizada de soja	500g
Alginato de sódio (uso alimentício)	5g
Água filtrada	20mL
Sal	8g
Pimenta branca moída	0,3g
Salsa desidratada	0,2g
Alho em pó	0,1g
Cebola em flocos	0,2g
Orégano desidratado	0,2g

- Recobrir com filme plástico, pesar cada hambúrguer e identificar.
- Separar algumas unidades para avaliação inicial e outras pós-congelamento por 15 dias.
- Avaliar a aparência do produto, a estrutura da massa moldada e realizar a cocção do hambúrguer (inicial e pós-congelamento).
- Verificar o rendimento percentual na cocção por meio da seguinte relação: (Peso da amostra cozida × 100) / Peso da amostra crua.

» Procedimentos para formulação de hambúrguer de soja sem alginato

- Proceder da mesma forma que o hambúrguer de soja com alginato, porém a formulação terá como alteração a retirada do alginato (Tabela 6.3).

Tabela 6.3 » **Formulação do hambúrguer de soja sem alginato**

Componentes	Quantidades
Proteína texturizada de soja	500g
Água filtrada	20mL
Sal	8g
Pimenta branca moída	0,3g
Salsa desidratada	0,2g
Alho em pó	0,1g
Cebola em flocos	0,2g
Orégano desidratado	0,2g

> » **DICA**
> A proteína texturizada de soja é utilizada como ingrediente em formulações de hambúrgueres à base de carne, devido à capacidade de retenção de água ser maior nessa proteína do que nas proteínas cárneas. O alginato é um constituinte de algas e apresenta propriedades espessantes e gelificantes.

- Avaliar a aparência do produto, a estrutura da massa moldada e realizar a cocção do hambúrguer.
- Verificar o rendimento percentual na cocção por meio da seguinte relação: (Peso da amostra cozida × 100) / Peso da amostra crua.

>> Agora é a sua vez!

1. Comente sobre a qualidade obtida no hambúrguer de soja elaborado com ou sem alginato.

2. Confira o rendimento por cocção em cada um dos processos e a manutenção da estrutura do produto moldado durante a cocção.

3. Avalie a estabilidade dos produtos ao congelamento e se afetou as perdas por cocção.

4. A adição do alginato apresenta vantagens para esse tipo de produto? Justifique.

5. Há alternativas à adição do alginato?

>> Prática: produção de conservas – abacaxi em calda

>> Introdução

O doce de frutas em calda é o produto obtido de frutas inteiras ou em pedaços, com ou sem sementes ou caroços, com ou sem casca, cozidas em água e açúcar, envasado em lata ou vidro e submetido a um tratamento térmico adequado. Nesta prática, o abacaxi será processado sem casca e em fatias, com duas formulações contendo líquidos de cobertura com distintas concentrações de açúcar (Figura 6.9).

Figura 6.9 Preparo do abacaxi em fatia para produção do doce em calda.
Fonte: iStock/Thinkstock.

❯❯ Objetivos

- Verificar as etapas comuns à produção de doces em calda.
- Avaliar como as etapas do processamento do abacaxi em calda afetam a qualidade e a conservação do produto final.
- Relacionar a concentração do líquido de cobertura com as características da fruta em conserva, ao longo do período de armazenamento.

❯❯ Materiais

- Deverão ser produzidos, pelo menos, dois frascos de cada uma das formulações.
- Tanque de aço inox (ou panela grande de aço inox); balde plástico de uso alimentício para sanitização das frutas por imersão; escova plástica para limpeza das frutas; recipiente de apoio (em aço inox ou plástico); escorredor de aço inox (ou plástico); faca de corte em aço inox; colheres grandes de aço inox; escumadeira de aço inox; tábua de corte em material inerte; extrator de miolo de abacaxi em material plástico e aço inox; vidros com tampa; fogão industrial; refratômetro; balança.
- Abacaxi grande (quatro unidades); açúcar cristal; ácido cítrico; solução clorada (0,02% de cloro ativo ou preparada com 8mL de água sanitária sem aromatizante para cada litro de água).

❯❯ Procedimentos para formulação de abacaxi em calda (aproximadamente 60°Brix)

- O procedimento iniciará com a seleção das frutas, verificando a presença de manchas ou defeitos causados por fungos e insetos, e lavagem das frutas com auxílio de uma escova, em água corrente.
- Fazer a sanitização dos abacaxis por imersão, colocando-os no balde, em solução clorada por 15 minutos.
- Retirar o excesso de cloro, lavando os abacaxis em água potável corrente.
- Descascar os abacaxis e retirar com uma faca os pequenos defeitos e os restos de casca.
- Se considerar necessário, remover o talo com o utensílio extrator de miolo de abacaxi.
- Realizar uma lavagem em água e cortar o abacaxi em pedaços.
- Preparar o líquido de cobertura paralelamente a essas etapas.
- Será preparada uma calda com a mistura de 1,5kg de açúcar cristal para cada litro de água, aquecendo até fervura para dissolução completa do açúcar.
- A confirmação da concentração de sólidos solúveis será feita por meio da leitura em refratômetro, anotando a concentração em °Brix do líquido de cobertura.

> ❯❯ **DEFINIÇÃO**
> **Brix** indica a medida do teor de sólidos totais.

- Colocar o abacaxi na calda quente e manter o aquecimento por 15 minutos.
- Retirar o abacaxi com escumadeira e transferir para as embalagens de vidro previamente esterilizadas (em autoclave ou sob fervura), pesando a quantidade de fruta adicionada.
- O peso da fruta não deve ser inferior a 60% da capacidade da embalagem (uma que comporta 500g precisa conter, no mínimo, 300g de frutas drenadas).
- Completar o volume da embalagem com a calda ainda quente (temperatura não inferior a 75°C), deixando um espaço livre.
- O espaço livre não deve exceder 10% da altura da embalagem.
- Adicionar ácido cítrico na concentração de 0,25%.
- Identificar e tampar os frascos sem apertar a rosca para permitir a saída do ar quente.
- Colocar os frascos em banho de água em ebulição, com água que ultrapasse um pouco acima da metade da altura das embalagens.
- Manter em ebulição por 5 a 10 minutos para que ocorra a exaustão do ar, liberando o ar retido entre os pedaços de abacaxi.
- Fechar bem as embalagens e manter os frascos em banho fervente por mais 15 minutos, completamente submersos.
- Resfriar gradualmente os frascos em água à temperatura ambiente para interromper o calor aplicado à conserva.
- Um dos frascos será submetido à avaliação organoléptica e verificação do pH e da concentração de sólidos solúveis no líquido de cobertura.
- Manter o outro frasco em incubação a 35°C, por 14 dias, para observar alterações da embalagem (estufamentos, alterações, vazamentos, corrosões na tampa) ou modificações do produto (natureza física, química ou organoléptica).

» Procedimentos para formulação de abacaxi em calda (aproximadamente 30°Brix)

- Realizar todos os procedimentos da formulação anterior, porém o líquido de cobertura terá menor concentração de açúcar.
- Será preparada uma calda com a mistura de 430g de açúcar cristal para cada litro de água, aquecendo até fervura para dissolução completa do açúcar.
- Da mesma forma, confirmar a concentração de sólidos solúveis por meio da leitura em refratômetro e anotar a concentração em °Brix do líquido de cobertura.
- Manter um dos frascos em incubação a 35°C, por 14 dias, para observar alterações das embalagens ou modificações do produto, e o outro frasco será utilizado para avaliação organoléptica, do pH e da concentração em °Brix.

> » **DICA**
> A densidade da calda para o doce de fruta em calda pode variar entre 30 e 65°Brix. Os tempos de cozimento das frutas podem ser prolongados até 30 minutos, dependendo da textura desejada. Nos rótulos dos doces de frutas em calda, deve constar o peso das frutas escorridas ou drenadas. A etapa de exaustão tem por objetivo eliminar o ar contido na conserva e consequentemente minimizar o risco de contaminação por micro-organismos aeróbios.

>> Agora é a sua vez!

1. Retire uma amostra de cada calda e avalie como o processamento e a cocção da fruta afetaram a concentração de sólidos solúveis e o pH de cada uma das caldas.

2. Avalie as características organolépticas de cada um dos produtos e relacione com a concentração de açúcar de cada formulação.

3. Verifique possíveis alterações ocorridas após a incubação, como teor de sólidos solúveis, pH, alterações nas embalagens e no produto.

4. Compare os valores do peso drenado do produto preparado e após os 14 dias de armazenamento.

5. Que outras frutas produzidas em sua região poderiam ser utilizadas na elaboração de doces em calda? Os tempos de cozimento precisariam ser ajustados?

>> Prática: produção de geleia

>> Introdução

A geleia de fruta será obtida pela cocção de pedaços ou do suco das frutas, com adição de açúcar e água. A primeira formulação proposta será com fruta contendo um maior teor de pectina e a segunda utiliza uma formulação com baixo conteúdo de pectina (Figura 6.10).

>> Objetivos

- Elaborar geleias com frutas contendo diferentes teores de pectina.
- Observar a influência da pectina sobre a consistência da geleia.

>> Materiais

- Tanques (ou panelas) de aço inox; balde plástico de uso alimentício para sanitização das frutas por imersão; escova plástica para limpeza das frutas;

recipiente de apoio (em aço inox ou plástico); escorredor de aço inox (ou plástico); faca de corte em aço inox; colheres grandes de aço inox; tábua de corte em material inerte; potes de vidro para 200g com tampa; processador de alimentos (ou liquidificador industrial); fogão industrial; refratômetro; balança.
- Laranja (1kg); morango (1kg); pectina cítrica; água filtrada; açúcar; solução clorada (0,02% de cloro ativo ou preparada com 8mL de água sanitária sem aromatizante para cada litro de água).

» Procedimentos para formulação de geleia de laranja

- Selecionar as frutas e lavar (com escova, se necessário).
- Fazer a sanitização por imersão em solução clorada por 15 minutos.
- Retirar o excesso de cloro, lavando as frutas em água potável corrente.
- Descascar as laranjas e deixar o máximo possível da parte branca próxima à casca, pois é rica em pectina.
- Cortar as laranjas em pedaços, retirar as sementes e triturar em processador de alimentos.
- As quantidades utilizadas no preparo dessa geleia são apresentadas na Tabela 6.4.

Tabela 6.4 » Formulação da geleia de laranja

Componentes	Quantidades
Laranja triturada	500g
Açúcar	400g
Água	100mL
Pectina cítrica	1g
Ácido cítrico	0,3g

- Em uma panela, adicionar a laranja triturada e metade do açúcar.
- Deixar sob fervura por alguns minutos até começar a evaporação da água e concentração dos componentes (em torno de 15 a 20 minutos).
- Dissolver a pectina em água e adicionar à panela, junto com o restante do açúcar e com o ácido cítrico.
- A pectina e o ácido cítrico são adicionados nessa formulação apenas para padronização com a geleia de morango, já que a laranja possui ambos os componentes.
- Continuar a cocção até obter ponto de fio na geleia.
- Verificar a concentração de sólidos solúveis em refratômetro e interromper a cocção ao obter aproximadamente 60°Brix.

- Distribuir a geleia ainda quente em frascos de vidro previamente esterilizados (em autoclave ou sob fervura).
- Tampá-los e identificá-los corretamente.
- Separar três frascos: um será utilizado na avaliação inicial, um mantido em armazenamento refrigerado por 30 dias e um ficará sob armazenamento à temperatura ambiente por 30 dias.
- Avaliar pH, concentração de sólidos solúveis, contaminação por bolores, leveduras e atributos sensoriais em cada uma das coletas.

» Procedimentos para formulação de geleia de morango

- Selecionar os morangos, retirar os pedúnculos e as partes injuriadas.
- Lavar cada um em água corrente e deixar escorrer.
- Triturar os morangos em processador de alimentos.
- As quantidades utilizadas no preparo da geleia de morango são apresentadas na Tabela 6.5.

Tabela 6.5 » **Formulação da geleia de morango**

Componentes	Quantidades
Morango triturado	500g
Açúcar	400g
Água	100mL
Pectina cítrica	1g
Ácido cítrico	0,3g

- Em uma panela, adicionar o morango triturado e metade do açúcar.
- Deixar sob fervura por alguns minutos até começar a evaporação da água e concentração dos componentes (em torno de 15 a 20 minutos).
- Dissolver a pectina em água e adicionar à panela, junto com o restante do açúcar e com o ácido cítrico.
- Continuar a cocção até obter ponto de fio na geleia.
- Verificar a concentração de sólidos solúveis em refratômetro e interromper a cocção ao obter aproximadamente 60°Brix.
- Distribuir a geleia ainda quente em frascos de vidro previamente esterilizados (em autoclave ou sob fervura).
- Tampá-los e identificá-los corretamente.
- Separar três frascos: um será utilizado na avaliação inicial, um mantido em armazenamento refrigerado por 30 dias e um ficará sob armazenamento à temperatura ambiente por 30 dias.

> » **DICA**
> As frutas com teor elevado de pectina são maçã, ameixa, goiaba, limão, laranja, tangerina, uvas pretas, pêssegos e pera. As frutas com baixo teor de pectina são morango, amora, framboesa, figo e abacaxi.

- Avaliar pH, concentração de sólidos solúveis, contaminação por bolores, leveduras e atributos sensoriais em cada uma das coletas.
- Para fins de conservação, o pH da geleia deve ficar em torno de 3,0.
- A substituição de até metade do açúcar comum por glicose possibilita que a concentração em graus Brix seja mais facilmente atingida, em função de a glicose possuir maior solubilidade do que a sacarose.
- O ácido cítrico pode ser substituído por suco de limão: 1 colher (sopa) de suco para cada 500g de fruta com baixa acidez.

>> Agora é a sua vez!

1. Avalie os resultados obtidos para cada uma das formulações separadamente, em relação ao tempo e às condições de armazenamento.

2. Compare as duas geleias para cada um dos tempos e condições de armazenamento.

3. Discuta os componentes que as frutas contêm em maior ou menor quantidade e como afetaram a qualidade das geleias.

4. O processamento inicial das frutas pode ter influenciado os resultados verificados no produto final?

>> Prática: produção de conservas – picles

>> Introdução

Os picles são o produto preparado com as partes comestíveis de frutos e hortaliças, com ou sem casca, e submetidos ou não a processo fermentativo natural. O produto pode ser classificado como simples, quando preparado com uma única espécie vegetal, ou misto, quando preparado com mais de uma espécie (Figura 6.10).

Figura 6.10 A) Exemplo de picles simples. B) Exemplo de picles misto.
Fonte: iStock/Thinkstock.

» Objetivos

- Desenvolver uma conserva vegetal tipo picles simples ou mista.
- Avaliar alterações nos picles ao longo do período de armazenamento.
- Verificar as modificações ocorridas na conserva em função dos vegetais empregados.

» Materiais

- Deverão ser produzidos, pelo menos, quatro frascos pequenos de cada uma das formulações.
- Panela grande de aço inox; balde plástico de uso alimentício para sanitização das frutas por imersão; escova plástica para limpeza dos vegetais; recipiente de apoio (em aço inox ou plástico); escorredor de aço inox (ou plástico); faca de corte em aço inox; colheres grandes de aço inox; vidros para 200g com tampa; balança.
- Pepinos pequenos (700g); cenoura; brócolis; couve-flor; pimentão; vinagre de vinho branco ou de álcool; água filtrada; sal; especiarias (louro, alho, pimenta em grãos, tomilho); solução clorada (0,02% de cloro ativo ou preparada com 8mL de água sanitária sem aromatizante para cada litro de água).

» Procedimentos para formulação de picles simples

- Lavar cada um dos pepinos em água corrente com o auxílio de uma escova.
- Fazer a sanitização dos pepinos por imersão, colocando-os no balde em solução clorada por 15 minutos.

- Retirar o excesso de cloro, lavando-os em água potável corrente.
- Preparar o líquido de cobertura por meio da mistura de uma parte de água filtrada para uma parte de vinagre, com adição de sal na proporção de 5%.
- Incluir neste momento as especiarias desejadas, especialmente devido ao seu efeito antimicrobiano.
- Ferver a salmoura e reservar.
- Escaldar os pepinos em água fervente durante 2 minutos para que provoque uma descontaminação superficial e um leve amolecimento do fruto.
- Escorrer os pepinos e colocá-los dentro de uma embalagem de vidro previamente esterilizada (em autoclave ou sob fervura).
- Lembrar-se de que a quantidade do vegetal não deve ser inferior a 60% da capacidade da embalagem.
- Anotar o peso dos pepinos incluídos na conserva.
- Completar o volume da embalagem com a salmoura, deixando um espaço livre, o qual não deve exceder 10% da altura da embalagem.
- Reservar uma porção da salmoura para verificação do pH.
- Identificar e tampar os frascos sem apertar a rosca para permitir a saída do ar quente.
- Colocar os frascos em banho de água em ebulição, com água que ultrapasse um pouco acima da metade da altura das embalagens.
- Manter em ebulição por 5 a 10 minutos para que ocorra a exaustão do ar.
- Fechar bem as embalagens e manter os frascos em banho fervente por mais 20 minutos completamente submersos.
- Resfriar gradualmente os frascos em água à temperatura ambiente.
- Armazenar o produto pelo máximo de tempo possível e, a cada 15 dias, coletar um dos frascos.
- Avaliar o peso drenado, o pH da salmoura, a acidez total e o pH do vegetal ao longo do tempo de armazenamento.
- Utilizar as metodologias padrão para pH e acidez descritas pelo Instituto Adolfo Lutz.
- Avaliar também alterações da embalagem e modificações na cor e odor do produto ao longo do armazenamento.

» Procedimentos para formulação de picles misto

- Substituir o pepino por outros vegetais, como cenoura, brócolis, couve-flor e pimentão, fixado o mínimo de 10% quando empregadas três ou mais espécies de vegetais.
- Lavar os vegetais em água corrente e retirar as partes não comestíveis.

- Cortar o pimentão em tiras e a cenoura em rodelas e separar a couve-flor e os brócolis em pequenos ramos.
- Preparar a conserva da mesma forma como descrito na formulação anterior, alterando o tempo de escaldagem para 4 minutos para cenoura, brócolis e couve-flor.
- Armazenar o produto obtido e realizar coletas quinzenais.
- Avaliar o peso drenado, o pH da salmoura, a acidez total e o pH do vegetal ao longo do tempo de armazenamento.
- Avaliar também alterações da embalagem e modificações na cor e no odor do produto ao longo do armazenamento.

>> DICA

O pH recomendado para conservas com salmoura ácida deve ser menor do que 4,5, especialmente para inibir o crescimento de *C. botulinum* nos alimentos. O conteúdo de sal adicionado pode diminuir o crescimento microbiológico por meio da diminuição da atividade de água e da elevação da pressão osmótica do meio, porém sem prejudicar o sabor do produto.

O resfriamento após o envase deve ser rápido para evitar a temperatura ótima para um possível desenvolvimento de micro-organismos, mas não pode ser brusco a ponto de provocar a quebra do frasco.

>> Agora é a sua vez!

1. Verifique as variações ocorridas em cada um dos tipos de picles ao longo da vida de prateleira.
2. Associe as alterações observadas quanto ao peso drenado, pH e acidez com os vegetais componentes da conserva.
3. A utilização dos mesmos tempos de aquecimento nos picles simples e nos mistos foi adequada para os produtos?

>> RESUMO

Os alimentos de origem vegetal, por sua perecibilidade e sazonalidade, requerem um processamento que amplie a sua distribuição e sua vida de prateleira. Neste capítulo, foram abordados, de forma sucinta, o processamento de frutas, hortaliças e grãos alimentícios e as operações preliminares comuns ao processamento desses vegetais. Ainda, foram apresentados o beneficiamento do arroz, do trigo, a panificação, a elaboração de um produto moldado à base de soja, a produção de geleias, doces em calda e picles.

>> **DICA**
Acesse o ambiente virtual de aprendizagem fazer atividades relacionadas ao que foi discutido neste capítulo.

REFERÊNCIAS

AGÊNCIA NACIONAL DE VIGILÂNCIA SANITÁRIA (Brasil). Resolução CNNPA n. 12, de julho de 1978. [Estabelece os padrões de identidade e qualidade para os alimentos (e bebidas)]. Brasília, 1978. Revogada. Disponível em: < http://www.anvisa.gov.br/anvisalegis/resol/12_78.htm>. Acesso em: 23 set. 2014.

AGÊNCIA NACIONAL DE VIGILÂNCIA SANITÁRIA (Brasil). Resolução CNNPA n. 13, de maio de 1977. [Estabelece características mínimas de identidade e qualidade para as hortaliças em conserva]. Brasília, 1977. Disponível em: < http://www.anvisa.gov.br/anvisalegis/resol/13_77.htm>. Acesso em: 23 set. 2014.

AGÊNCIA NACIONAL DE VIGILÂNCIA SANITÁRIA (Brasil). Resolução RDC n. 272, de 22 de setembro de 2005. Regulamento técnico para produtos de vegetais, produtos de frutas e cogumelos comestíveis. Brasília, 2005. Disponível em: < http://www.aladi.org/nsfaladi/normasTecnicas.nsf/09267198f1324b64032574960062343c/4207980b27b39cf903257a0d0045429a/$FILE/Resoluci%C3%B3n%20N%C2%BA%20272-2005.pdf>. Acesso em: 23 set. 2014.

BRASIL. Ministério da Agricultura, Pecuária e Abastecimento. Instrução normativa n. 20, de 31 de julho de 2000. Regulamentos técnicos de identidade e qualidade de almôndega, de apresuntado, de fiambre, de hambúrguer, de kibe, de presunto cozido e de presunto. Brasília, 2000. Disponível em: < http://www.engetecno.com.br/port/legislacao/carnes_almondega.htm>. Acesso em: 23 set. 2014.

EVANGELISTA, J. *Tecnologia de alimentos*. São Paulo: Atheneu, 2008.

INSTITUTO ADOLFO LUTZ. *Normas analíticas do Instituto Adolfo Lutz*: métodos químicos e físicos para análise de alimentos. 4. ed. São Paulo: IMESP, 2008.

MALDONADE , I. Pepinos em conserva. *Circular Técnica 72*, p. 1-6, 2009. Disponível em: < http://www.cnph.embrapa.br/paginas/bbeletronica/2009/ct/ct_72.pdf>. Acesso em: 23 set. 2014.

MORETTI, C. L. *Manual de processamento mínimo de frutas e hortaliças*. Brasília: Embrapa Hortaliças, 2007.

SILVA NETO, R. M.; PAIVA, F. F. A. *Doce de frutas em calda*. Brasília: Embrapa Informação Tecnológica, 2006. (Coleção Agroindústria Familiar).

capítulo 7

Tecnologia de alimentos de origem animal

A transformação de alimentos de origem animal em derivados pode envolver etapas aplicadas às matérias-primas que levam à diminuição da Aw, a modificações da temperatura e/ou atmosfera gasosa, a alterações no pH dos alimentos, à adição de ingredientes com efeito conservante e à seleção de micro-organismos que promovam o controle da microbiota contaminante, por competição. Aliado a isso, a industrialização de leite, carne, pescados e ovos gera produtos com características sensoriais diferenciadas, com aumento no período de conservação, no valor agregado ao produto final e na preferência do consumidor pelo alimento produzido. Neste capítulo, veremos as principais etapas relacionadas à produção de derivados lácteos e cárneos.

Objetivos de aprendizagem

» Apresentar os fundamentos do processamento de alimentos de origem animal.

» Identificar o impacto das etapas empregadas na conservação do alimento.

» Demonstrar como as alterações nas formulações de alguns derivados podem influenciar a qualidade do produto final.

Introdução

A tecnologia de alimentos de origem animal consiste em empregar uma ou mais etapas de processamento na matéria-prima que envolvam processos físicos, químicos ou bioquímicos. O emprego da cadeia do frio é primordial para o armazenamento de matérias-primas (leite, carne ou pescado) até sua entrada na linha de produção e também de alguns produtos industrializados.

A tecnologia de alimentos de origem animal está vinculada diretamente às exigências da legislação para as indústrias. Durante o processamento, deverão ser observadas algumas condições. Com as seguintes ações, combinadas ao treinamento adequado da equipe de trabalho, os riscos de alterações nos alimentos produzidos poderiam ser reduzidos ou até eliminados:

- Observar as Boas Práticas de Fabricação (BPF) e os Procedimentos Operacionais Padrão (POP).
- Utilizar equipamentos e utensílios confeccionados com materiais inertes e passíveis de serem submetidos à limpeza e desinfecção.
- Seguir os Procedimentos Padrão de Higiene Operacional (PPHO), utilizando produtos de higienização permitidos pela ANVISA.
- Implantar a Análise de Perigos e Pontos Críticos de Controle (APPCC) para evitar contaminações e variações nos produtos finais derivados de matérias-primas de origem animal.

Tecnologia de alimentos de origem animal

O **alimento *in natura*** é considerado o alimento de origem animal ou vegetal para cujo consumo imediato se exija apenas a remoção da parte não comestível e os tratamentos indicados para a sua perfeita higienização e conservação. As etapas adicionais aplicadas aos alimentos de origem animal *in natura* os transformarão em produtos processados com o uso da tecnologia de alimentos. A seguir, serão apresentados os fundamentos para a obtenção de:

- Queijo
- Requeijão
- Iogurte
- Linguiça frescal
- Pescado industrializado

» Queijo

Existe uma grande variedade de queijos no mundo, agrupados ou classificados em função do tipo de leite utilizado, do conteúdo de umidade, da textura, do teor de gordura, do emprego ou não da maturação, bem como do processo de maturação (com bactérias ou bolores). A Figura 7.1 representa a industrialização dos queijos de forma esquemática.

Recebimento do leite refrigerado na indústria e realização de testes para avaliar a qualidade.

Tratamento térmico do leite por meio da pasteurização.

Adição da cultura iniciadora comercial, iniciando a acidificação.

Adição do coalho e início da coagulação do leite.

Obtenção da massa coalhada.

Retirada do soro e enformagem da massa para obtenção dos queijos.

Figura 7.1 Representação esquemática da produção de queijos.
Fonte: Dorling Kindersley/Thinkstock.

A classificação dos queijos pode ser de acordo com os conteúdos de gordura e de umidade, conforme a legislação brasileira vigente. O Quadro 7.1 mostra a classificação dos queijos de acordo com o conteúdo percentual de gordura no extrato seco e o teor percentual de umidade.

A classificação do Quadro 7.1 não impede o estabelecimento de denominações e requisitos mais específicos, característicos de cada variedade de queijo, que aparecerão nos padrões individuais. A Figura 7.2 apresenta alguns tipos de queijos e sua classificação.

Quadro 7.1 » **Classificação dos queijos em função da gordura e umidade**

Produto	Percentual de gordura
Extragordo ou duplo creme	No mínimo, 60%
Gordo	45,0 a 59,9%
Semigordo	25,0 a 44,9%
Magro	10,0 a 24,9%
Desnatado	Menos de 10,0%

Produto	Percentual de umidade
Queijos de baixa umidade ou massa dura	Até 35,9%
Queijos de média umidade ou massa semidura	36,0 a 45,9%
Queijos de alta umidade ou massa branda ou macios	46,0 a 54,9%
Queijos de muito alta umidade ou massa branda ou mole	Superior a 55,0%

Fonte: Adaptado de Brasil (1996).

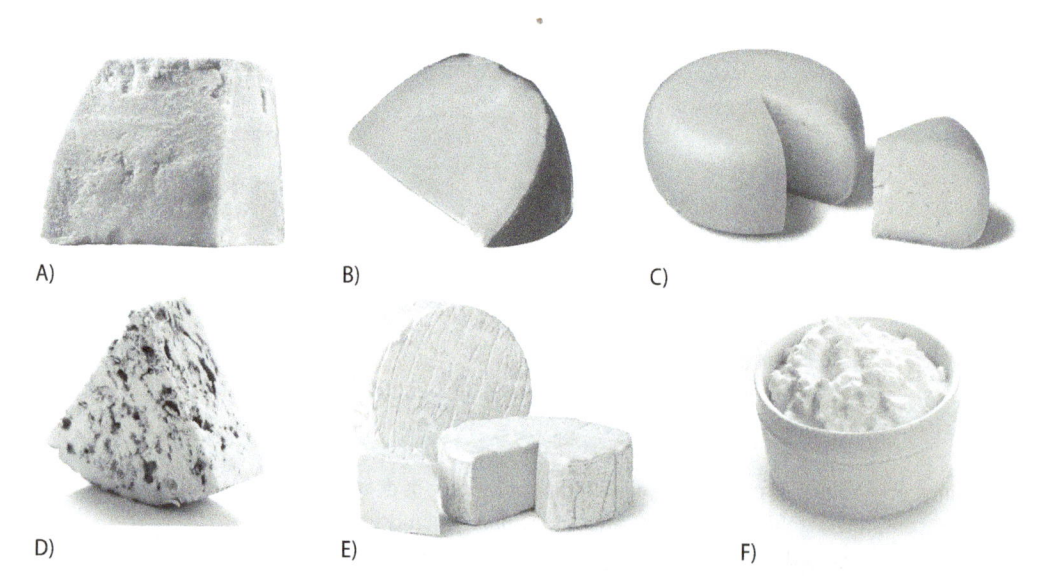

Figura 7.2 Tipos de queijos e suas principais características. A) Parmesão (massa dura, maturado). B) Edam (massa dura, maturado). C) Gouda (massa semidura, maturado). D) Roquefort (massa semidura, leite de ovelha, maturação envolve fungos). E) Brie (massa mole, maturação envolve fungos). F) Cottage (não maturado).
Fonte: iStock/Thinkstock.

A elaboração de queijo pode ser descrita como um processo de remoção de água, lactose e alguns minerais do leite para produzir um concentrado de lipídios e proteínas lácteas. Os ingredientes essenciais para a produção do queijo são leite, enzima coagulante (coalho) e sal. O coalho modifica as caseínas, por meio da hidrólise, e faz as proteínas lácteas se agregarem em um processo chamado de floculação ou agregação.

O leite se transforma, então, em um gel semirrígido. Ao cortar esse gel em pequenas peças, o soro, formado principalmente por água e lactose, separa-se da coalhada, em um processo chamado de **sinérese**. Essas são as etapas da fase fundamental no processo de elaboração conhecido como coagulação enzimática.

Para queijos maturados, é necessária a adição também de culturas microbianas selecionadas, de acordo com o tipo de queijo a ser produzido. A maioria dos queijos é produzida a partir da fermentação láctea. Em geral, o processo de fabricação consiste em duas etapas importantes, começando pela inoculação do leite com bactérias lácticas iniciadoras apropriadas.

A cultura iniciadora produz ácido láctico e, com a adição de renina (coagulante), inicia-se a formação da coalhada. A coalhada passa por corte, enformagem e prensagem, seguida por adição de sal. No caso de queijos maturados, o processo de maturação é realizado nas condições adequadas a cada queijo. O queijo pode ser submetido a diferentes tempos de maturação, o que afeta o teor de umidade e a textura do produto final.

Processamento inicial comum aos derivados lácteos

A qualidade do queijo produzido está relacionada à qualidade da matéria-prima. A escolha dos animais e o manejo adequado do rebanho terão influência direta na qualidade da matéria-prima, pois determinam a composição físico-química do leite e a contaminação microbiológica.

Os padrões de qualidade do leite devem ser considerados antes de iniciar o processo, bem como o correto armazenamento refrigerado do leite e sua necessidade de pasteurização. O resfriamento deve ser feito até que o leite seja processado, o que é muito importante, pois poderá evitar o aumento da contaminação microbiana e a ocorrência de reações químicas e enzimáticas.

O leite é imediatamente resfriado após a ordenha, sendo transportado por tubulações até o tanque de resfriamento, onde é armazenado em temperaturas iguais ou inferiores a 4°C (tanque por expansão direta) ou 7°C (refrigeração por imersão). A necessidade do processamento térmico de leite e derivados lácteos está relacionada ao alto risco de contaminação microbiana, em função dos valores de pH e da Aw nesses produtos.

O leite a ser utilizado deverá ser higienizado por meios mecânicos adequados e submetido à pasteurização ou tratamento térmico equivalente para assegurar a fosfatase residual negativa. Esse resultado indica que a temperatura foi atingida e, por sua vez, garante a destruição de micro-organismos patogênicos no produto.

A ausência da pasteurização do leite higienizado ou de outro tratamento térmico para destruição de patogênicos é permitida somente na elaboração de queijos

> **» DEFINIÇÃO**
> Entende-se por **queijo maturado** o que sofreu as mudanças bioquímicas e físicas necessárias e características da variedade do queijo. Já o queijo fresco é o produto pronto para consumo após sua produção (coagulação, dessoragem e salga, sem maturação).

submetidos a um processo de maturação em tempo não inferior a 60 dias e em temperatura superior a 5°C.

Para os demais queijos, o processo industrial mais comum é a pasteurização rápida (*high temperature short time*, HTST) em pasteurizador de placas, com aquecimento do leite de 72 a 75°C por 15 a 20 segundos, seguida por refrigeração a 4°C.

A pasteurização lenta (*low temperature, long time*, LTLT) emprega entre 62 e 65°C durante 30 minutos e é permitida para laticínios de pequeno porte que não estejam vinculados à inspeção federal, seguindo a regulamentação para leite pasteurizado. Os processos térmicos aplicados na indústria podem incluir:

- Termização para destruição de psicrotróficos (63-65°C, por 15-20 segundos).
- Pasteurização (75-85°C, por 15-30 segundos) para destruição de *Mycobacterium tuberculosis*.
- Esterilização para destruição de enzimas e patógenos, incluindo esporos (100-120°C, 20 minutos).
- Esterilização UHT para destruição de enzimas, como fosfatase alcalina, peroxidase e patógenos, incluindo esporos (135-150°C, 2-3 segundos).

Etapas de produção de queijo maturado

Após a obtenção da matéria-prima, o processo segue as etapas relacionadas ao tipo de queijo a ser produzido. A Figura 7.3 apresenta um fluxograma para obtenção de um queijo maturado.

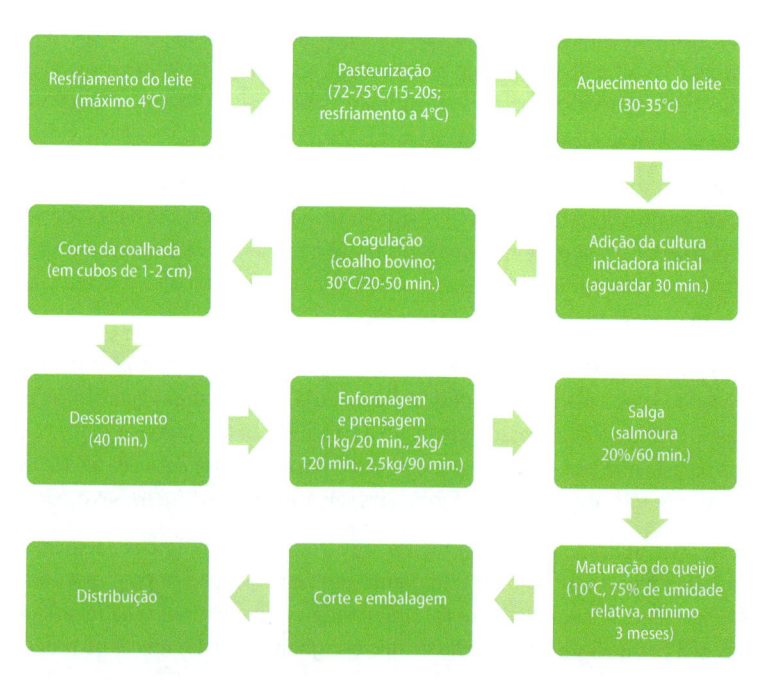

Figura 7.3 Fluxograma de produção de um queijo maturado.
Fonte: Adaptada de Nespolo (2009).

O leite é colocado na cuba do queijo pelo tempo necessário para atingir a temperatura desejada, que pode variar de acordo com o tipo de queijo. Nessa etapa, pode ser adicionada a cultura iniciadora se ela fizer parte do processo, iniciando-se a acidificação no produto.

Após a adição do coalho, aguarda-se o tempo necessário para que a coagulação seja completa até a formação da estrutura característica de gel. Entre os pontos importantes nessa etapa, estão:

- Adição de quantidade adequada de coalho para não afetar o rendimento do queijo e não haver perda de matéria coagulável no soro.
- Observância do tempo necessário para coagulação, evitando que o coágulo não adquira consistência adequada e forme um queijo quebradiço.

Os fatores mais importantes na formação da estrutura da coalhada ácida são conteúdo de caseína, pH e conteúdo de cálcio no leite. Em pH baixo, o cálcio é progressivamente dissociado da micela de caseína. Além disso, a neutralização das cargas negativas da caseína favorece sua ampla agregação e a fusão das micelas, que tendem a formar um gel. Em pH 4,6, a rede de caseína é formada e os demais componentes são retidos em seu interior.

Após a formação dessa estrutura, é feito o corte da massa com lira para a expulsão do soro. A coalhada é cortada em cubos pequenos. O corte da massa adequado evita a retenção de soro em seu interior e também que os blocos sejam muito pequenos, comprometendo a qualidade do produto.

Após o corte da coalhada, a massa é mantida no tanque para que ocorra a dessoragem. Essa etapa consiste na retirada do soro expulso da massa e está diretamente relacionada à Aw. Os valores elevados nesse parâmetro têm relação direta com a contaminação microbiana e a reações químicas e enzimáticas no queijo durante sua maturação e vida de prateleira.

A retirada maior ou menor de soro será de acordo com a textura, o grau de maturação e o período de conservação desejado para o queijo. Uma pré-prensagem pode ser realizada no tanque para remoção do soro residual da massa de queijo.

A pressão insuficiente poderá resultar em retenção excessiva de soro, constituindo foco de contaminação microbiana, impedir a agregação das partículas de coalhada e afetar futuramente a textura do queijo. Os queijos devem ser periodicamente virados para evitar que formem bordas ou deformem pela pressão recebida.

Os queijos são retirados das formas e encaminhados para a câmara de maturação. A adição de sal ao produto contribui para diminuição da Aw, mas sua distribuição deve ser homogênea para alcançar sabor e conservação adequados. A salga pode ser úmida (por imersão em salmoura), pode ser seca ou superficial (por aplicação do sal na superfície) ou pode ter sido feita previamente no leite ou na massa coagulada.

> » **IMPORTANTE**
> A cultura iniciadora comercial é variável e também aplicada ao tipo de queijo, podendo conter *Lactococcus* produtores de ácido lático, como *Lactococcuslactis* subsp. *lactis* e *Lactococcuslactis* subsp. *cremoris*, por exemplo.

> » **DEFINIÇÃO**
> A **enformagem** é a colocação da massa nas formas, que são submetidas à posterior prensagem mecânica com aumento gradativo de pressão.

O período de cura é planejado de acordo com as características desejadas no queijo. No caso dos queijos de massa dura e semidura, o tempo necessário para o desenvolvimento de sabor, aroma e textura é maior, aumentando, assim, os custos de produção e também o período de exposição ao ambiente da câmara de maturação, o que pode representar risco de contaminação no produto.

Durante a cura, os queijos devem ser mantidos em câmaras de maturação com temperatura e umidade adequadas ao produto para evitar proliferação de microbiota indesejável. As lavagens periódicas da casca são necessárias em função de contaminações superficiais no produto.

A circulação de ar deve ser monitorada para evitar a entrada de contaminação externa no produto, além disso, a circulação de pessoas na câmara deve ser mínima. Durante a maturação do queijo, são liberados compostos como peptídeos, cetonas, aminoácidos livres e ácidos graxos livres, relacionados diretamente à intensidade do sabor e aroma e à sua textura.

O pH controla as reações durante esse período, a atividade enzimática e o crescimento microbiano. Ocorre um aumento da atividade das proteases bacterianas e das proteases naturais do leite durante o período de maturação. A Figura 7.4 ilustra algumas das etapas do processamento do queijo.

Quando os queijos produzidos são grandes, pode ser necessário o corte dos produtos para sua posterior embalagem a vácuo, garantindo um aumento da vida de prateleira do produto, devido à diminuição de alterações relacionadas à presença de oxigênio. Devem ser utilizadas temperaturas de refrigeração no armazenamento para evitar o aumento da contaminação microbiana e da velocidade de reações indesejadas no queijo.

≫ Requeijão

Durante a preparação do requeijão, opcionalmente, a massa coalhada pode receber a adição de outro produto lácteo gordo, como creme de leite, manteiga, gordura anidra de leite ou *butter oil*, além de condimentos e especiarias. Em função disso, o produto final pode ser classificado como:

- Requeijão
- Requeijão cremoso
- Requeijão de manteiga

Os produtos lácteos fundidos são obtidos pela adição das matérias-primas de origem láctea e dos sais fundentes. O teor de umidade pode ser bastante variável, com consistência untável ou fatiável e textura cremosa, fina, lisa ou compacta. O **queijo fundido** ou processado é o que utiliza misturas de queijos em diferentes estágios de maturação, enquanto o requeijão tem como base a massa coalhada fresca.

> ≫ **DEFINIÇÃO**
> O **requeijão** é o produto obtido pela fusão da massa coalhada (cozida ou não), dessorada e lavada. A massa coalhada, por sua vez, pode ser obtida por coagulação ácida e/ou enzimática do leite.

Figura 7.4 Principais etapas do processamento de queijos. A) Tanque de preparo da massa. B) Corte da massa coagulada e expulsão do soro. C) Massa coalhada prensada. D) Enformagem. E) Salga (por imersão). F) Maturação dos queijos em câmara refrigerada.
Fonte: Hemera/iStock/Thinkstock.

Etapas de produção do requeijão

O requeijão pode ser produzido utilizando-se a massa obtida por coagulação enzimática ou por meio da massa da coagulação ácida, na qual o ácido lático é adicionado ao leite até que o pH atinja valores próximos a 4,6, ponto isoelétrico da caseína. A obtenção da massa coalhada é semelhante ao processo descrito para o queijo, com a opção de utilizar a coagulação ácida em vez da enzimática.

A lavagem da massa é imprescindível no caso de ter sido obtida por coagulação ácida, já que o pH residual poderá interferir na eficiência do sal fundente. A faixa ótima de pH para o sal fundente atuar e obter um bom desempenho emulsionante oscila entre 5,4 e 6,2. O fluxograma de produção do requeijão cremoso pode ser visualizado na Figura 7.5.

Os ingredientes básicos do requeijão possuem base láctea, como massa láctica coalhada, leite ou leite reconstituído, creme de leite, manteiga, gordura anidra de leite e *butter oil*. O sal fundente é um ingrediente necessário para o processo. Os ingredientes opcionais incluem caseínas e caseinatos, cloreto de cálcio, cultivos lácteos, especiarias, condimentos e outras substâncias alimentícias.

As proporções de ingredientes estão diretamente relacionadas à consistência desejada no produto final e podem ser muito variáveis entre os produtos comercializados. Por exemplo, a inclusão de pouca água na formulação produz um requeijão seco e quebradiço, já o contrário leva a um produto que não solidifica.

> **» DICA**
> Entre as substâncias alimentícias, podem estar incluídos os amidos e as gomas, empregados como agentes de consistência ou como alternativas para redução do teor de gordura em produtos *light*. Os aditivos incluem conservantes, reguladores de acidez, emulsificantes, estabilizantes, aromatizantes e corantes, de acordo com o permitido pela legislação vigente.

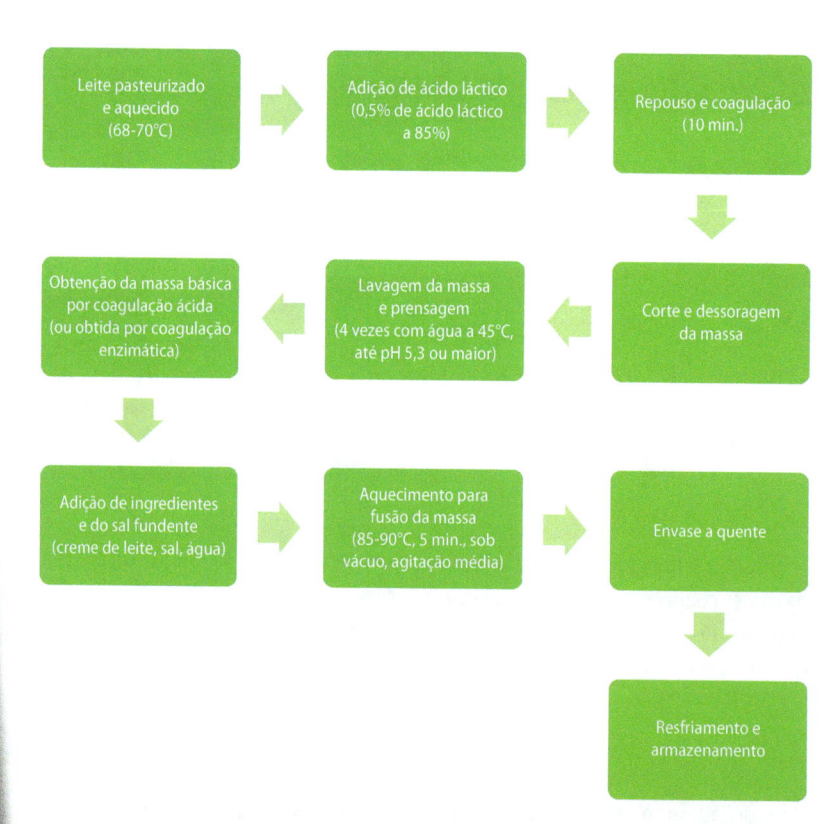

Fluxograma:
- Leite pasteurizado e aquecido (68-70°C) → Adição de ácido láctico (0,5% de ácido láctico a 85%) → Repouso e coagulação (10 min.) → Corte e dessoragem da massa → Lavagem da massa e prensagem (4 vezes com água a 45°C, até pH 5,3 ou maior) → Obtenção da massa básica por coagulação ácida (ou obtida por coagulação enzimática) → Adição de ingredientes e do sal fundente (creme de leite, sal, água) → Aquecimento para fusão da massa (85-90°C, 5 min., sob vácuo, agitação média) → Envase a quente → Resfriamento e armazenamento

Figura 7.5 Produção do requeijão cremoso.
Fonte: Elaborada pelas autoras com base em Van Dender, 2006.

Durante o processo de fusão, o produto deverá ser submetido a aquecimento mínimo de 80°C durante 15 segundos; porém, tempos superiores são normalmente usados para a obtenção da massa fundida. A manutenção em temperatura elevada por alguns minutos diminui a contaminação microbiológica, entretanto, é preciso evitar excessos que provoquem alterações na consistência do produto.

O processo de fusão da massa contribui para a conservação do requeijão, auxiliando o controle dos micro-organismos endógenos do leite, das culturas iniciadoras empregadas e da microbiota contaminante. Além disso, diminuem-se as alterações bioquímicas, como produção do ácido lático e consequente queda do pH, e as reações enzimáticas, como lipólise e proteólise por enzimas bacterianas.

A formação da massa fundida é resultado do emprego do calor e do sal fundente, uma mistura de compostos químicos responsáveis por proporcionar a ligação entre os componentes presentes e manter a homogeneidade do produto. O sal fundente pode englobar polifosfatos, citratos e fosfatos de sódio e/ou potássio.

Os citratos associados aos fosfatos ou polifosfatos podem atuar como emulsificantes e estabilizantes de emulsão, além de funcionarem como reguladores de acidez por seu efeito tamponante. A emulsificação é necessária para evitar a separação da gordura e obter a combinação entre as proteínas e a gordura láctea mesmo após o resfriamento do requeijão, resultando em um produto homogêneo, estável e com brilho.

Na etapa de fusão, espera-se a alteração do pH em torno de 5,3-5,5 para 5,6-5,8. Caso não tenha sido obtido o pH adequado, pode-se usar um regulador de acidez, como o bicarbonato de sódio para elevar o valor ou o ácido cítrico para diminuí-lo. A adição do cloreto de sódio ao requeijão tem função sensorial. O produto normalmente é resfriado até temperatura ambiente para ser envasado em copos plásticos com tampas termossoldáveis, com fechamento a vácuo.

A utilização de embalagens de vidro permite o envase em temperatura de 83-87°C a vácuo. Nesse caso, as embalagens são armazenadas sob refrigeração com a tampa para baixo e viradas posteriormente para evitar que o produto apresente uma crosta na superfície ao ser aberto e o crescimento de bolores e leveduras junto à tampa. O requeijão deverá ser armazenado e comercializado em temperatura inferior a 10°C.

>> Iogurte

Os **iogurtes** são obtidos a partir da fermentação láctica, mediante ação dos cultivos combinados de *Streptococcus salivarius* subsp. *thermophilus* e *Lactobacillus delbrueckii* subsp. *bulgaricus*.

A fermentação leva à transformação da lactose em ácido lático e diminuição concomitante do pH. Há outros tipos de leites fermentados (como leite fermentado ou cultivado, leite acidófilo ou acidofilado, kefir, kumys e coalhada), produzidos

> **DICA**
> Os micro-organismos benéficos presentes nos leites fermentados, incluindo iogurtes, devem ser viáveis, ativos e abundantes no produto final durante seu prazo de validade, de acordo com os limites mínimos estabelecidos em legislação.

com a presença de outros cultivos de bactérias produtoras de ácido láctico e de leveduras.

A Figura 7.6 apresenta alguns tipos de leites fermentados. Os produtos kefir e kumys podem conter etanol em sua composição, devido à participação de bactérias lácticas e leveduras que produzem esse composto durante a fermentação.

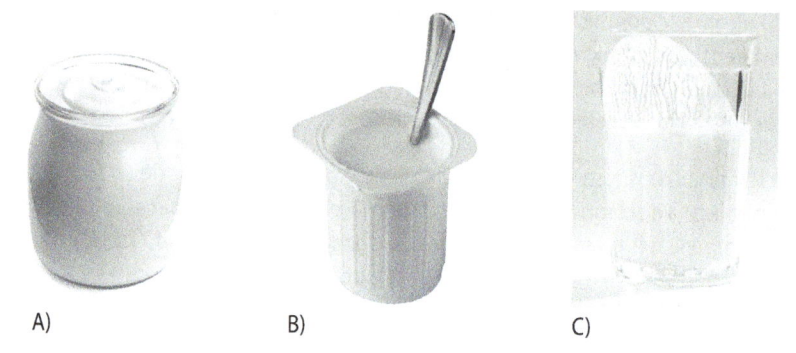

A) B) C)

Figura 7.6 Exemplos de leites fermentados. A) Iogurte natural. B) Iogurte batido. C) Leite fermentado tipo kefir.
Fonte: iStock/Thinkstock.

Os tipos de iogurte produzidos estão vinculados ao teor de gordura do leite processado e ao método de fabricação. Quanto aos teores de gordura, o produto pode ser:

- Desnatado (máximo de 0,5% de gordura)
- Parcialmente desnatado (0,6 a 2,9%)
- Integral (entre 3 e 5,9%)
- Com creme (acima de 6%)

A metodologia de fabricação pode dar origem ao iogurte natural, ao iogurte batido ou ao iogurte líquido. No iogurte natural, a base láctea recebe a adição dos cultivos fermentadores e ocorre o envase. O processo de elaboração inclui a fermentação na própria embalagem, em temperatura de 45°C, desenvolvendo um produto mais firme, com massa contínua semissólida.

O iogurte batido é fermentado em tanques e, depois da fermentação, ocorre a agitação lenta, que provoca uma ruptura da estrutura viscosa formada. O produto apresenta textura menos firme, com estrutura de gel. Os iogurtes podem receber a adição de açúcar, corantes, aromatizantes, polpas e pedaços de frutas.

O iogurte líquido tem processo similar ao do batido, aliado à adição de suco de frutas ou leite no momento da agitação. O produto final tem textura mais líquida e baixa viscosidade, próprio para beber. No caso de iogurtes com textura mais firme, é importante a adição de sólidos para elevar o extrato seco total. Essa etapa, chamada de padronização do extrato, contribui para consistência do iogurte e para diminuir a tendência à separação do soro.

Uma série de produtos considerados ingredientes opcionais podem ser adicionados ao iogurte, como leite concentrado, creme, manteiga, gordura anidra de leite ou *butter oil*, leite em pó, caseinatos alimentícios, proteínas lácteas, outros sólidos de origem láctea, soros lácteos e concentrados de soros lácteos.

Os ingredientes opcionais não lácteos podem estar presentes em uma proporção máxima de 30% do produto final, sendo que, para amidos, o limite é de, no máximo, 1%. A adição de sólidos requer sua posterior homogeneização, a pressão de 20-25 MPa e temperatura de 65-75°C para incorporar os sólidos e garantir a retenção da gordura na estrutura do produto final, já que os glóbulos de gordura grandes podem ser rompidos.

Etapas de processamento do iogurte

O processamento do iogurte batido inicia com a pasteurização do leite e posterior resfriamento (Figura 7.7). Nos processos industriais, pode ser utilizado um tratamento térmico com temperatura mais elevada (90-95°C) por 30 minutos.

Além de eliminar micro-organismos patogênicos, esse processo térmico com temperatura mais elevada auxilia a obtenção da consistência adequada do produto final e evita a presença de bactérias lácticas endógenas do leite, as quais poderiam competir com aquelas presentes nos cultivos selecionados.

O binômio tempo-temperatura empregado provoca a desnaturação de grande parte das proteínas do soro, o que previne a separação do soro no produto final acidificado e aumenta a firmeza e o rendimento do produto. Para iniciar a fermentação, o leite precisa ser resfriado até a temperatura adequada para adição dos cultivos fermentadores, em torno de 45°C.

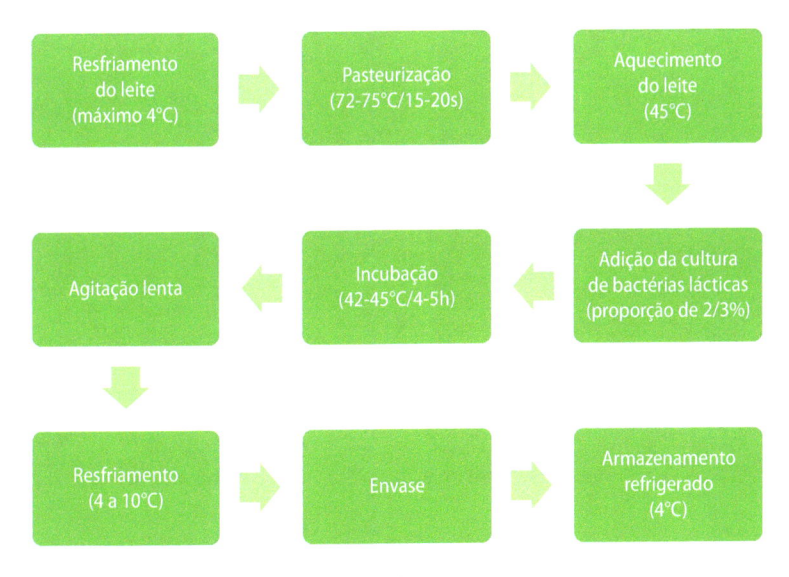

Resfriamento do leite (máximo 4°C) → Pasteurização (72-75°C/15-20s) → Aquecimento do leite (45°C) → Adição da cultura de bactérias lácticas (proporção de 2/3%) → Incubação (42-45°C/4-5h) → Agitação lenta → Resfriamento (4 a 10°C) → Envase → Armazenamento refrigerado (4°C)

Figura 7.7 Produção do iogurte batido.
Fonte: Autoras.

> **DICA**
> A temperatura do leite não pode ser muito elevada para não destruir os micro-organismos fermentadores e nem muito baixa a ponto de que a fase de adaptação desses cultivos seja muito longa.

Ao atingir a temperatura, são adicionados os cultivos simbióticos *Streptococcus salivarius* subsp. *thermophilus* e *Lactobacillus delbrueckii* subsp. *bulgaricus*. A adição desses cultivos pode variar em proporções de 2,5 a 5%, em função das especificações do fabricante, e a incubação deve ser realizada em temperatura de 42-45°C por 4 a 5 horas. O tempo de incubação pode ser variável e a verificação da consistência do produto auxilia a decidir por sua continuidade ou não.

Os micro-organismos selecionados são responsáveis pela transformação da lactose em ácido lático, com decréscimo do pH e coagulação ácida das proteínas. O processo de fermentação inicia com baixa acidez (menor do que 0,20% de ácido lático em 100mL de leite), o que favorece o crescimento do *Streptococcus salivarius* subsp. *thermophilus*, produzindo ácido lático.

A acidez aumenta ao longo do processo e, ao atingir valores de pH em torno de 5,0, o ambiente torna-se pouco propício ao *Streptococcus salivarius* subsp. *thermophilus* e favorece o crescimento do *Lactobacillus delbrueckii* subsp. *bulgaricus*. O *Lactobacillus* produz acetaldeído, que é um composto responsável pelo aroma agradável do iogurte.

Ao final do processo de fermentação, a proporção dos dois micro-organismos é igual e o produto atinge pH próximo a 4,6, que é o ponto isoelétrico da caseína. Esse valor de pH interfere na solubilidade das proteínas lácteas e faz o produto atingir a consistência semissólida adequada. A Figura 7.8 apresenta alguns equipamentos usados na produção de iogurte.

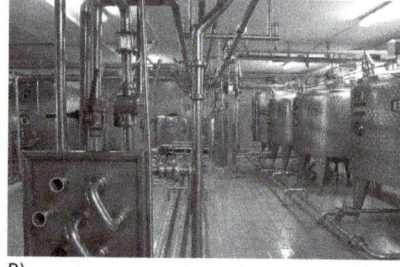

Figura 7.8 Equipamentos empregados de produção do iogurte. A) Dosagem dos ingredientes. B) Fermentação do iogurte em tanques. C) Envase do iogurte.
Fonte: Hemera/iStock/Thinkstock.

O produto fermentado, previamente envasado ou envasado nesse momento, é rapidamente resfriado a 4°C. Essa temperatura faz o metabolismo microbiano ser reduzido e a fermentação controlada. A embalagem pode ser em frascos de vidro, bandejas, garrafas ou sacos, em poliestireno ou polietileno atóxico, e fechamento com tampa de alumínio ou filme de PVC termoencolhível. A condição de conservação e comercialização para leites fermentados deve ser em temperatura inferior a 10°C.

» Linguiça frescal

Os derivados cárneos são produtos em que as propriedades originais da carne foram modificadas por meio de tratamento físico, químico, microbiológico ou ainda por meio da combinação desses métodos. A industrialização da carne pressupõe o uso de matéria-prima de qualidade, inspecionada e obtida por meio de abate que garanta o bem-estar animal. O período pré-abate define muitas das características da carne obtida, como:

- Cor
- Textura
- pH
- Capacidade de retenção de água

A carne suína, utilizada na produção da linguiça frescal, pode apresentar defeitos que interferirão em sua industrialização. A carne PSE (*pale*, *soft*, *exsudative*) apresenta perda de cor, da firmeza e da capacidade de retenção de água. Isso ocorre porque o pH chega a 5,1-5,2 em 2 horas *post mortem*, levando a uma desnaturação intensa das proteínas musculares.

Ocorrem perdas por exsudação nos processos de cura e no cozimento, tornando a carne PSE inadequada para produtos como presunto cozido, por exemplo. Já a carne DFD (*dark*, *firm*, *dry*) apresenta coloração escura, textura firme e baixa exsudação. Devido à produção limitada de ácido lático no período *post mortem*, o pH é mais elevado e a capacidade de retenção de água aumenta, aumentando também o risco de contaminação microbiológica.

Além de a coloração ser pouco atrativa, não pode ser usada em produtos curados, como presuntos crus e salames, devido à menor vida de prateleira. Entre os produtos cárneos industrializados, estão desde as carnes cruas temperadas, embutidos de massa crua ou cozida, defumados e salgados, até curados e produtos submetidos à fermentação microbiana.

A adição de sal contribui para a diminuição da Aw, visto que parte da água até então disponível liga-se ao cloreto de sódio. Essa diminuição contribui para o controle de alguns tipos de micro-organismos deteriorantes e auxilia a seleção de bactérias, como as lácticas, importantes em alimentos cárneos maturados. O processo de cura em carnes inclui sais como nitrito e nitrato de sódio e/ou potássio, contribuindo para a formação de óxido nítrico.

O óxido nítrico liga-se à mioglobina, pigmento que dá a coloração vermelha em carnes e protege-a da oxidação. Dessa forma, desenvolve-se coloração característica nos produtos cárneos curados e são controlados micro-organismos potencialmente contaminantes em embutidos.

O processo de conservação por defumação contribui também para desenvolver sabor, odor e coloração característica no alimento. A defumação promove um aumento da temperatura por dessecação superficial no produto e formação de uma barreira contra a penetração, com coagulação das proteínas cárneas e aumento da resistência mecânica de tripas naturais. A fumaça apresenta ainda ação antimicrobiana, devido a compostos formados na queima da madeira, como:

- Formaldeído
- Ácidos
- Guaiacol
- Cresol
- Fenóis

Os embutidos podem ser classificados de acordo com o cozimento ou não da massa após o embutimento. Os produtos de massa crua são chamados frescais, não passam por cozimento ou dessecação e consequentemente apresentam um curto período de conservação. Entre as linguiças frescais, está a tradicional linguiça toscana, produzida exclusivamente com carne suína.

Os embutidos de massa semicrua incluem fermentados e brandos. Os salames passam por fermentação por culturas iniciadoras e pela dessecação, geralmente por meio da defumação. Esses processos combinados favorecem a conservação do alimento pela diminuição da Aw, pela temperatura empregada e pela microbiota competitiva das culturas iniciadoras adicionadas.

Os embutidos classificados como brandos, como paio e linguiça calabresa, passam por uma dessecação ou cozimento brando. Já nos embutidos de massa cozida, pode-se obter o cozimento a seco ou por massa escaldada. A salsicha e a mortadela são produzidas por cozimento lento em estufas e, dependendo do tipo de produto, podem ser submetidas à defumação.

Entre os embutidos de massa cozida escaldada, estão os patês, fiambres, embutidos gelatinosos e embutidos contendo sangue, que passam por cozimento em imersão em água quente. Na Figura 7.9, são apresentados alguns exemplos de embutidos cárneos.

Etapas de processamento de embutido frescal

O produto embutido cru é a linguiça frescal, sendo denominado em algumas regiões do país como salsichão. O fluxograma de produção da linguiça frescal é visualizado na Figura 7.10. Devido à inexistência de tratamento térmico que reduza a contaminação microbiana e à elevadaAw, o produto possui uma vida de prateleira curta. A produção da linguiça frescal segue o processo de embutimento para produtos de massa crua.

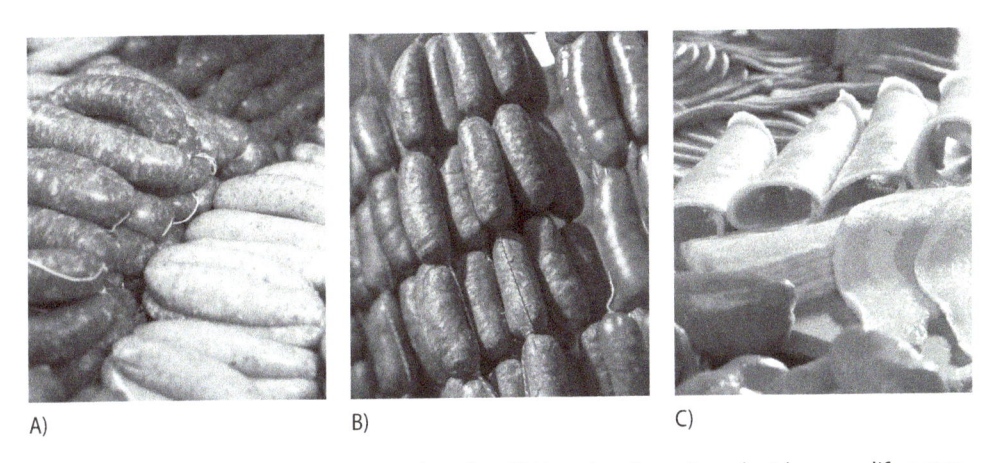

Figura 7.9 Exemplos de produtos embutidos. A) Linguiças frescal produzidas com diferentes tipos de carne. B) Embutido de massa semicrua defumada. C) Embutidos de massa cozida.
Fonte: Photodisc/iStock/Hemera/Thinkstock.

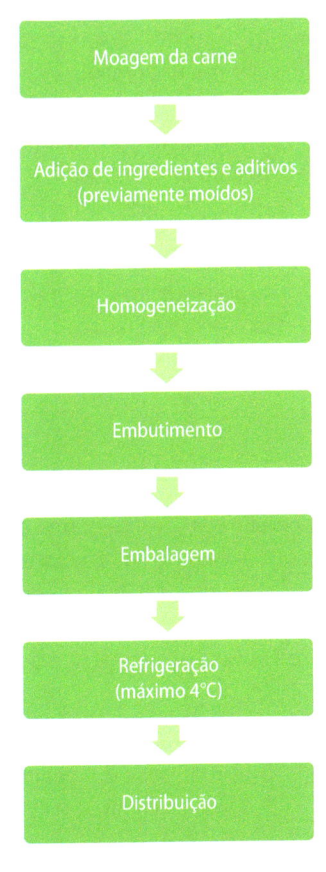

Moagem da carne
↓
Adição de ingredientes e aditivos (previamente moídos)
↓
Homogeneização
↓
Embutimento
↓
Embalagem
↓
Refrigeração (máximo 4°C)
↓
Distribuição

Figura 7.10 Fluxograma para produção da linguiça frescal.
Fonte: Elaborada pelas autoras com base em Terra (2002).

> **IMPORTANTE**
>
> A etapa da formulação é muito importante para que se obtenham produtos com aparência, composição, sabor e propriedades físicas uniformes. A inclusão de matérias-primas (como vísceras, recortes e pele suína) é uma possibilidade para redução de custos, mas pode afetar a qualidade sensorial do produto.

Após a seleção das carnes, estas devem ser moídas. Os demais condimentos passam por cominuição para transformação em pó bem fino. Grande parte dos condimentos utilizados em produtos cárneos, além de melhorar as características organolépticas, auxilia o controle da contaminação. O alho, cebola, pimenta, orégano, cravo e outros apresentam atividade antimicrobiana.

A preparação da massa é feita em misturadores, por meio da completa homogeneização das carnes, da água gelada (ou gelo) e dos ingredientes. Se a massa for preparada para produção de salames, nesse momento, serão adicionadas as culturas iniciadoras para a fermentação cárnea, permanecendo a 5°C por 2 a 3 dias antes do embutimento.

Quando o objetivo for produzir massa para produtos de salsicharia, é utilizado um *cutter* que garante uma emulsão cárnea uniforme e mantém a temperatura de refrigeração. As proteínas cárneas (actina e miosina) formam uma fina camada que recobre as partículas de gordura, porém o tamanho das gotículas da emulsão formada é muito maior do que o das emulsões convencionais, por isso, diz-se que é uma emulsão não verdadeira.

Em temperaturas de cozimento de 70-75°C, como no caso da salsicha, ocorrerá a desnaturação da miosina, da actina e das proteínas sarcoplasmáticas. Concluída a mistura da massa, a etapa subsequente é o embutimento. São utilizadas tripas naturais, que devem ser preenchidas para retirada total do ar, evitando focos de contaminação e ruptura da tripa durante o cozimento.

O acabamento consiste no fechamento do envoltório com grampos de alumínio adequados ao calibre da tripa. A linguiça é encaminhada à embalagem e refrigeração. Apesar da refrigeração e da presença dos condimentos, há poucos obstáculos para evitar a contaminação microbiana, resultando em um prazo de validade curto, de 6 a 7 dias após a fabricação do produto frescal.

» Pescado

> **DEFINIÇÃO**
>
> O pescado fresco é o consumido sem qualquer processo de conservação, além da ação do gelo. O produto resfriado é o devidamente acondicionado e mantido à temperatura entre −2 e −0,5°C.

A denominação genérica **pescado** compreende peixes, crustáceos, moluscos, anfíbios, quelônios e mamíferos de água doce ou salgada, usados na alimentação humana. Entre as matérias-primas de origem animal, os peixes são os mais suscetíveis a processos de deterioração. Entre os fatores que contribuem para que o pescado seja mais perecível, citam-se a Aw alta e o pH mais elevado.

O processamento do pescado é mínimo para a maior parte dos produtos, por isso, a grande importância das boas práticas de fabricação e da qualidade da água na cadeia produtiva do pescado. O pescado pode ser vendido fresco, resfriado ou congelado (Figura 7.11).

O pescado congelado é submetido a processos adequados de congelamento, em temperatura não superior a −25°C. Depois de submetido ao congelamento, o pescado deve ser mantido em câmara frigorífica a −15°C e, uma vez descongelado,

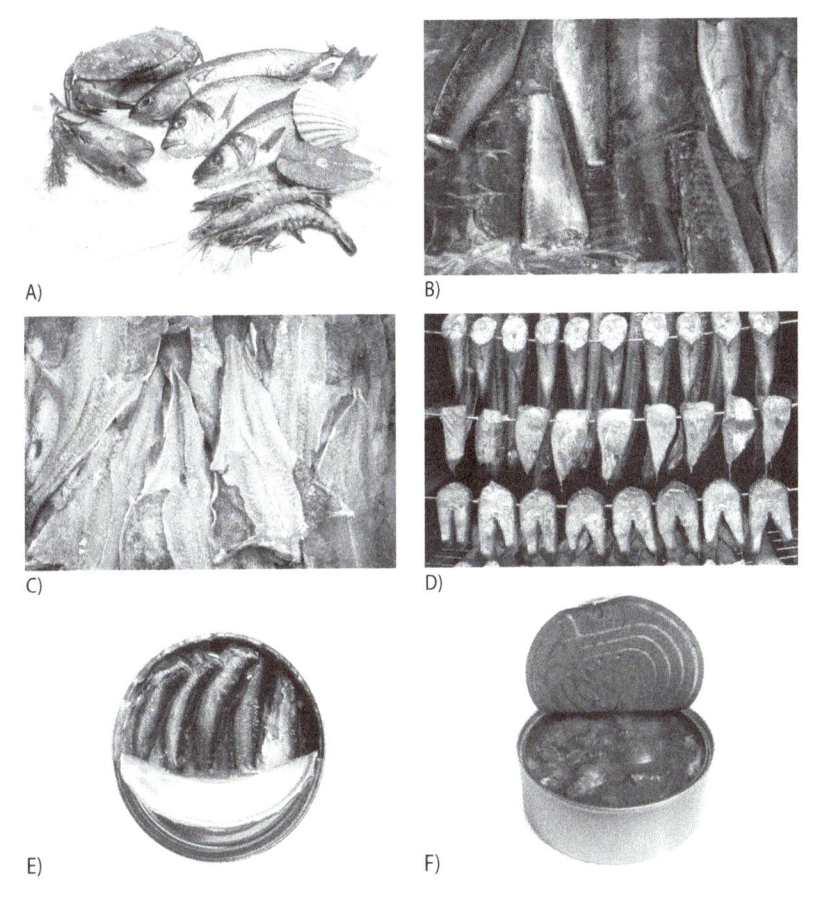

Figura 7.11 Formas de comercialização de pescados. A) Pescado fresco. B) Pescado congelado. C) Processo de salga em pescado. D) Defumação aplicada ao pescado. E) Conserva de pescado em óleo. F) Conserva de pescado em molho.
Fonte: iStock/Thinkstock.

não pode ser novamente congelado. O pescado fresco é considerado próprio para consumo e beneficiamento quando apresenta as seguintes características organolépticas:

- Superfície do corpo limpa, com relativo brilho metálico.
- Olhos transparentes, brilhantes e salientes, ocupando completamente as órbitas.
- Guelras róseas ou vermelhas, úmidas e brilhantes, com odor natural, próprio e suave.
- Ventre roliço, firme, não deixando impressão duradoura à pressão dos dedos.
- Escamas brilhantes, bem aderentes à pele e a nadadeiras, apresentando certa resistência aos movimentos provocados.

- Carne firme, consistência elástica, de cor própria à espécie.
- Vísceras íntegras, perfeitamente diferenciadas.
- Ânus fechado.
- Cheiro específico, lembrando o das plantas marinhas.

Etapas de beneficiamento do pescado

O produto deve ter sua integridade e frescor previamente avaliados e passar por classificação por espécie e tamanho. O beneficiamento do peixe é um processo eminentemente manual e, quanto mais etapas de separação são empregadas, mais valor é agregado ao produto.

A limpeza é o início do beneficiamento, com separação da cabeça, nadadeiras e cauda, retiradas das escamas e das vísceras. Ao longo do processamento, é necessária a lavagem com água clorada (5mg de cloro por litro de água) em abundância, preferencialmente refrigerada, para remover sujidades.

O processo utiliza faca para retirada da cabeça, em geral, por meio de um corte redondo, contornando sua inserção. São cortadas as nadadeiras e, com um escarificador, é feita a raspagem das escamas. Há equipamentos para retirada das escamas, porém podem danificar os filés, por isso, a preferência pelo processo manual.

A evisceração é realizada pela abertura do ventre, remoção de órgãos internos (como gônadas, intestino e bexiga natatória) e lavagem da cavidade interna. A evisceração é uma etapa que garante maior conservação, já que as vísceras podem contribuir para a contaminação do alimento. A limpeza pode incluir ainda a retirada da pele, porém sua presença auxilia a identificar o tipo de pescado.

O animal é mantido em baixa temperatura para controle dos processos de deterioração e, a partir disso, pode ser comercializado. O processo de filetagem consiste na separação das espinhas. Do peixe limpo, são retirados os filés com faca por meio do corte rente à espinha, separando a carne em partes únicas dos dois lados.

Isso leva a uma diminuição da Aw no alimento e também à incorporação de sal e sabores resultantes da salmoura. O processo só cessa quando é atingido o equilíbrio osmótico ou quando é interrompido. Os produtos de pescado classificam-se em conservas ou produtos curados. No processo de elaboração dos produtos da conserva, o pescado íntegro é envasado em recipientes herméticos e esterilizados.

As conservas de pescado podem ser ao natural (em salmoura), em azeite ou em óleo comestível, em escabeche (cobertura com vinagre), em vinho branco ou em molho. O pescado curado, por sua vez, é o produto elaborado com pescado íntegro e tratado por processos especiais, com cura, no mínimo, por três semanas. Compreendem os tipos principais:

- Pescado salgado (salga seca ou úmida, com ou sem sais de cura)
- Pescado prensado (prensagem e cura por sal apenas)

> **» DICA**
> Para alguns tipos de pescado, é interessante fazer a salga seca ou salga úmida. O processo de salga pode incluir, além do sal, outros condimentos com atividade antimicrobiana e que auxiliem a conservação. O processo de salga promove um gradiente osmótico, no qual a água é retirada do pescado saindo para o meio externo, mais concentrado em solutos.

- Pescado defumado (cura prévia em sal e defumação a frio ou a quente)
- Pescado dessecado

Os curados poderão ser acondicionados em recipientes herméticos, adicionados ou não de um meio aquoso ou gorduroso, dispensando-se a esterilização. O emprego do frio para conservação do pescado vai depender se o produto é classificado como resfriado ou congelado. As câmaras frigoríficas para estocagem de pescado devem manter temperatura entre −15°C e −25°C. Algumas das formas de comercialização do pescado estão apresentadas na Figura 7.11.

Prática: produção de queijo frescal

Introdução

Para cada um dos tipos de matérias-primas de origem animal empregadas, é possível gerar distintos derivados processados. Serão propostas diferentes formulações e algumas modificações a partir do padrão para avaliar como essas alterações interferem na qualidade do produto final. Todos os materiais e insumos utilizados devem ser para uso em alimentos e devem ser observadas as boas práticas de fabricação ao longo de todas as etapas de produção. A denominação queijo está reservada aos produtos em que a base láctea não contenha gordura e/ou proteínas de origem não láctea. O queijo fresco é o produto que está pronto para consumo logo após sua fabricação, produzido com leite pasteurizado.

Objetivos

- Reproduzir os procedimentos para fabricação do queijo tipo frescal.
- Identificar os ingredientes que podem sofrer alteração na formulação.
- Definir como as alterações na formulação afetam a qualidade do produto final.

Materiais

- Os ingredientes e materiais estão dimensionados para produzir em torno de seis queijos com 250g.

- Como o queijo a ser produzido é de consumo imediato, o produto deve ser feito com leite previamente pasteurizado.
- Tanque encamisado de aço inox (ou panela de aço inox acoplada a um banho com termostato); termômetro para laticínios; lira manual de aço inoxidável 140mm × 140mm; agitador manual de aço inoxidável com 120mm de diâmetro e perfurações; formas para queijo frescal de 250g; dessorador para queijo com capacidade para 1kg; balança.
- Leite pasteurizado (10 litros); cloreto de cálcio 50%; coagulante líquido; sal.
- Observação: o leite utilizado deve ser pasteurizado, não pode ser UHT.

›› Procedimentos para formulação padrão de queijo frescal

- Aquecer 5 litros de leite pasteurizado à temperatura de 35°C, acompanhando com termômetro, e desligar o aquecimento ao atingir a temperatura desejada.
- Adicionar 2mL de cloreto de cálcio 50% e 0,5mL de coagulante (ou de acordo com a proporção indicada pelo fabricante).
- Misturar bem e deixar em repouso para que ocorra a coagulação.
- A coalhada estará formada após 40-60 minutos de adição do coagulante.
- Ao notar uma aparência de gel firme, cortar a coalhada com uma lira do tipo vertical/horizontal, de modo a obter cubos de 2cm.
- A liberação do soro iniciará e, após 5 minutos, mexer suavemente para acelerar a liberação do soro.
- Deve-se continuar mexendo por 15 minutos, sempre de forma suave, para evitar a ruptura dos coágulos e a perda de rendimento durante o dessoramento.
- Submeter a massa novamente ao aquecimento entre 35-40°C, adicionando água a 85°C sobre a massa.
- Mexer com mais intensidade até obter o ponto da massa.
- Para verificar se o ponto da massa foi atingido, colocar um pouco da massa na forma e aguardar.
- Ao obter uma massa firme, esta está pronta para a enformagem.
- Retirar a maior parte do soro presente na massa com o auxílio de um dessorador ou por meio de prensagem.
- Adicionar 50g de sal à massa e misturar bem.
- A salga pode ser feita também por meio da adição de sal na superfície dos queijos já prensados.
- Distribuir a massa em formas para queijos frescal.
- Retirar os queijos das formas após 30 minutos de repouso e recolocá-los em posição invertida.
- Levar os queijos à câmara fria por cerca de 5 horas, fazendo mais duas viragens ao longo desse período.
- O rendimento para o volume de leite processado será de três queijos de aproximadamente 250g.

›› **IMPORTANTE**
- A temperatura do leite é crucial para o processo de coagulação.
- Durante a coagulação e a dessoragem, deve-se mexer suavemente a massa coagulada para evitar que ocorra a ruptura dos coágulos e a perda de seus constituintes.
- O rendimento na produção dos queijos está diretamente relacionado a isso, bem como à qualidade do leite utilizado.

❯❯ Procedimentos para formulação teste para queijo frescal

- Reproduzir todos os procedimentos da formulação padrão, exceto a adição do cloreto de cálcio.

❯❯ Agora é a sua vez!

1. Avalie os queijos produzidos a partir da formulação padrão e da formulação teste e liste as principais diferenças observadas.
2. Identifique a função do cloreto de cálcio na formulação e como sua ausência afetou o rendimento no queijo produzido.
3. Construa o fluxograma de produção do queijo frescal com base na formulação padrão proposta.
4. Com base nos valores de mercado dos ingredientes, calcule o preço por quilograma do queijo produzido no experimento.
5. Caso o objetivo fosse a produção de um queijo a ser maturado, o processamento até a enformagem ocorreria da mesma maneira? Explique.
6. A forma utilizada para queijo frescal pode ser utilizada para um produto maturado?

❯❯ Prática: produção de requeijão

❯❯ Introdução

O requeijão é um produto obtido a partir da fusão de uma massa coalhada dessorada e lavada. A adição de outros ingredientes de matriz não láctea é permitida pela legislação, porém é vista com restrições por muitas das indústrias tradicionais produtoras de requeijão.

❯❯ Objetivos

- Desenvolver um requeijão cremoso com e sem adição de amido.
- Avaliar a viabilidade de reduzir custos e sua influência sobre a qualidade do requeijão.

» Materiais

- Tacho para requeijão (ou panela acoplada a banho com termostato) de aço inox; termômetro para laticínios; agitador manual de aço inoxidável; vidros com tampa; balança.
- Massa coalhada (2kg); creme de leite; água; sal fundente; sal.

» Procedimentos para formulação de requeijão cremoso

- A massa coalhada poderá ser previamente produzida por coagulação enzimática, conforme descrito na prática sobre queijo tipo frescal.
- Caso a massa seja produzida por coagulação ácida, aquecer o leite pasteurizado a 42°C, em tanque (ou panela grande).
- Adicionar lentamente o ácido lático a 85%, na proporção de 0,55% em relação ao volume de leite. Mexer suavemente por 10 a 15 minutos para garantir a incorporação do ácido ao leite.
- Quando ocorrer a coagulação, cortar a massa e retirar o soro.
- Devido à acidez da massa, esta deve ser lavada para retirada do soro ácido residual.
- Efetuar três lavagens consecutivas com água e uma com leite desnatado, sempre adicionando volume de água ou leite igual ao de soro eliminado.
- Dessa forma, o pH da massa coalhada deverá estar entre 5,3 e 5,5.
- Utilizar as proporções de ingredientes indicadas na Tabela 7.1.

Tabela 7.1 » **Formulação de requeijão cremoso**

Componentes	Quantidades
Massa coalhada	1kg
Creme de leite	1,2kg
Água	300mL
Sal fundente	25g
Sal	15g

- No processo artesanal, o aquecimento da massa é feito em duas etapas e em atmosfera normal.
- Se a fabricação não for feita em tacho específico, proteger a panela com uma placa refratária para que o fogo não incida com muita intensidade sobre a massa.
- Adicionar na panela a massa coalhada, o sal fundente, o sal e parte da água na panela.
- Homogeneizar bem e aquecer a 75°C, sob agitação constante, por 2 minutos.
- Em seguida, incorporar o creme de leite e o restante da água.
- Elevar a temperatura para 90°C e agitar a mistura por 2 minutos.

- Verificar o ponto do requeijão, que deve apresentar boa consistência e filamentos compridos quando a espátula é levantada.
- O produto deve ser resfriado a 70°C e envasado em embalagens de vidro previamente esterilizadas (em autoclave ou sob fervura).
- As embalagens devem ser completamente preenchidas, vedadas e mantidas em câmara fria (7°C).

» Procedimentos para formulação de requeijão cremoso com adição de amido

- Utilizar as proporções de ingredientes indicadas na Tabela 7.2.

Tabela 7.2 » **Formulação de requeijão cremoso com adição de amido**

Componentes	Quantidades
Massa coalhada	1kg
Creme de leite	1,1kg
Água	300mL
Amido de milho	100g
Sal fundente	25g
Sal	15g

- Seguir os mesmos procedimentos descritos para a formulação anterior, adicionando o amido de milho no momento em que são adicionados os demais ingredientes em pó, misturando bem.
- O amido de milho deve ser previamente solubilizado em água e o aquecimento deve iniciar somente após homogeneização completa desse ingrediente.
- A correção do pH da massa coalhada ácida é necessária, pois a acidez interfere na ação do sal fundente.
- A homogeneização de todos os ingredientes auxilia a homogeneidade do requeijão produzido.

» Agora é a sua vez!

1. Verifique os principais atributos sensoriais das formulações de requeijão produzidas, com base na textura, brilho, espalhabilidade, coloração, entre outros.
2. Argumente sobre a relação custo-benefício da inclusão do amido na formulação.
3. Do ponto de vista calórico, haveria vantagens em propor a substituição do creme de leite por amido? Haveria vantagens ou desvantagens nos atributos sensoriais?

❯❯ Prática: produção de iogurte

❯❯ Introdução

O iogurte é um dos tipos de leite fermentado, produzido a partir de um cultivo misto de *Streptococcus salivarius* subsp. *thermophilus* e *Lactobacillus delbrueckii* subsp. *bulgaricus*.

❯❯ Objetivos

- Produzir dois tipos de iogurte com ou sem padronização do extrato seco.
- Observar como os ingredientes empregados interferem na fermentação e nas características do iogurte final.

Materiais

- Tanques (ou panelas) de aço inox; banho ou estufa com termostato; termômetro para laticínios; potes de vidro para 200g com tampa; balança.
- Leite pasteurizado (4 litros); leite em pó (100g); fermento lácteo para iogurte; açúcar branco ou mascavo (se necessário).

❯❯ Procedimentos para elaboração de iogurte natural

- Aquecer a 45°C dois litros de leite pasteurizado.
- Adicionar o fermento para iogurte na proporção indicada pelo fabricante.
- Homogeneizar bem e dividir esse volume em dois recipientes (1 litro da mistura em cada um deles).
- Uma parte receberá açúcar (branco ou mascavo) na proporção de 12% (120g em um litro) e a outra parte ficará sem.
- Distribuir a mistura em frascos de vidro previamente esterilizados (em autoclave ou sob fervura), tampá-los e identificá-los corretamente.
- Colocar os potes em estufa ou banho, mantendo a temperatura entre 42-45°C.
- O iogurte natural estará pronto após 4 a 5 horas.
- Retirar do aquecimento e armazenar sob refrigeração.

» Procedimentos para elaboração de iogurte natural com padronização do extrato

- Adicionar 100g de leite em pó a dois litros de leite pasteurizado, homogeneizando bem.
- Aquecer a mistura a 45°C.
- A partir da adição do fermento para iogurte, seguir os procedimentos conforme descritos na seção anterior.

> **» IMPORTANTE**
> - Durante a incubação do leite com o fermento, a manutenção da temperatura constante é fundamental.
> - Quanto menos movimentação o iogurte natural sofrer, melhor será sua consistência.

» Agora é a sua vez!

1. Compare os produtos com e sem adição de leite em pó e os produtos com ou sem adição de açúcar.
2. Avalie os iogurtes do ponto de vista sensorial.
3. Analise se as adições tiveram alguma interferência na fermentação e no tempo necessário para sua ocorrência.
4. Para a produção de um iogurte mais consistente, como o tipo grego, a adição de sólidos em quantidades maiores poderia ser a forma adequada? Como poderia ser realizado o processamento?

» Prática: embutidos – produção de linguiça frescal

» Introdução

De acordo com a legislação brasileira, entende-se por linguiça o produto cárneo industrializado, obtido de carnes de animais de açougue, adicionados ou não de tecidos adiposos, ingredientes, embutido em envoltório natural ou artificial, e submetido ao processo tecnológico adequado. O produto cru recebe o nome de linguiça frescal e deve ser consumido em pouco tempo após a fabricação.

» Objetivos

- Elaborar embutidos cárneos tipo frescal.
- Comparar as diferenças dos tipos de matérias-primas empregadas sobre as características sensoriais e sobre a vida de prateleira do produto

» Materiais

- Moedor de carne, com disco médio de moagem; recipiente de aço inox para mistura dos ingredientes; embutideira manual; barbante para embutidos; balança.
- Carne suína magra (9kg); toucinho (1kg); condimentos em pó ou em flocos (alho, cebola, noz-moscada, orégano, pimenta); sal; tripa suína com calibre de 3 a 3,5cm de diâmetro.

» Procedimentos para elaboração de linguiça frescal com carne suína magra

- Moer previamente 5kg de carne suína magra em disco médio (8mm).
- Em um misturador, adicionar a água e os condimentos moídos finos (conforme quantidades apresentadas na Tabela 7.3).
- Deve-se garantir a homogeneização e incorporação da água na massa cárnea.

Tabela 7.3 » Formulação de linguiça frescal com carne suína magra

Componentes	Quantidades
Carne suína magra (pernil ou paleta)	5kg
Água gelada	300mL
Sal	100g
Pimenta preta moída	15g
Noz-moscada	1g
Alho em pó	6g
Cebola em flocos	5g
Orégano em pó	2,5g

- A massa é transferida para uma embutideira.
- As tripas suínas deverão estar previamente imersas em solução aquosa de ácido acético 5%, por 30 minutos.
- Posicionar a tripa sobre o bocal da embutideira e dar um nó na ponta.

- Iniciar o embutimento, cuidando para que o preenchimento seja uniforme e sem formação de bolhas de ar no interior da massa.
- Torcer a tripa entre cada linguiça produzida, de acordo com o comprimento desejado.
- Finalizar com o fechamento da tripa e amarrar com barbante entre cada linguiça produzida.
- Realizar a embalagem e o acondicionamento do produto sob refrigeração.

» Procedimentos para elaboração de linguiça frescal com carne e gordura suínas

- A matéria-prima nesta formulação inclui carne magra e gordura suína, pois as variações na linguiça frescal permitem a inclusão de gordura até a proporção de 30%.
- As quantidades utilizadas na formulação estão apresentadas na Tabela 7.4.

Tabela 7.4 » Formulação de linguiça frescal com carne e gordura suínas

Componentes	Quantidades
Carne suína magra (pernil ou paleta)	4kg
Toucinho	1kg
Água gelada	300mL
Sal	100g
Pimenta preta moída	15g
Noz-moscada	1g
Alho em pó	6g
Cebola em flocos	5g
Orégano em pó	2,5g

- Os procedimentos de fabricação são os mesmos da formulação anterior.
- As linguiças obtidas em cada uma das formulações serão divididas em duas porções e identificadas.
- Uma parte de cada uma dessas porções será assada no momento da fabricação e a outra parte será mantida sob refrigeração por 7 dias.
- As linguiças assadas passarão por avaliação sensorial e das perdas por cocção, com pesagem do produto cru e após submetidas ao tratamento térmico.
- Como as formulações não incluem adição de sais de cura, o produto estará impróprio para consumo após 7 dias.
- Verificar o aspecto visual e o odor do produto armazenado.
- Se possível, realizar contagens microbiológicas, determinação do teor de acidez e índice de peróxidos nos produtos, tanto ao ser produzido como após armazenamento.

> **» IMPORTANTE**
> - A adição de sais de cura é obrigatória para produtos cárneos embutidos, portanto, o produto sem essa adição deve ter consumo imediato.
> - Outros condimentos podem ser adicionados aos embutidos, desde que não interfiram na homogeneidade da massa, não dificultem o preenchimento e nem provoquem a ruptura da tripa.

>> Agora é a sua vez!

1. Compare o produto cru e cozido com e sem adição de gordura suína, tanto para as características organolépticas como para as perdas por cozimento.

2. Discuta se o produto com maior teor de gordura apresentou vantagens ou desvantagens para homogeneização da massa e para o embutimento.

3. Apresente os resultados para o produto após 7 dias de refrigeração e sobre como a adição de gordura afeta a conservação do produto. Confronte as avaliações que foram realizadas: aspecto, odor, contagens microbiológicas, determinação da acidez e do índice de peróxidos.

4. A linguiça frescal de carne suína industrializada possui a mesma aparência da obtida em aula prática?

5. De que forma os nitritos e nitratos agiriam na formulação?

>> Prática: produção de pescado salgado

>> Introdução

A conservação do filé de pescado por meio da salga é um processo que promove a conservação, ocorrendo a penetração do sal, saída de umidade e perda de peso do alimento.

>> Objetivos

- Beneficiar o pescado desde a limpeza até a filetagem.
- Aplicar os processos de cura por salga seca e por salga úmida.
- Acompanhar a conservação do pescado salgado produzido nos dois processos.

>> Materiais

- Recipientes de aço inox (ou vidro) para a salga seca e para a salmoura; recipiente para preparo da salmoura; faca de corte em aço inox; tábua de corte em material inerte; bancada apropriada para beneficiamento do pescado com fonte de água clorada; balança.
- Pescado fresco inteiro (duas unidades, pelo menos); sal.

» Procedimentos para beneficiamento do pescado até a filetagem

- Realizar o exame de integridade do pescado com base nas características apresentadas na seção "Pescado".
- O pescado destinado ao processo de salga normalmente permanece com as nadadeiras e a pele para garantir que possa ser identificado pelo consumidor.
- Para retirada da cabeça, fazer um corte que contorne sua inserção.
- Raspar as escamas com um escarificador ou com uma faca.
- Abrir o ventre do animal, cortando toda a extensão e retirar as vísceras com cuidado para evitar a ruptura de algum órgão.
- Realizar a lavagem com água clorada (5mg por litro) em abundância.
- Com o auxílio de uma faca afiada, fazer a filetagem com corte rente à espinha e separando as porções de carne de cada lado.
- Parte dos filés será destinada à salga seca e o restante à salga úmida.
- Avaliar o pH inicial do filé, pesando 10g da amostra triturada em béquer e diluindo com auxílio de 100mL de água.
- Agitar o conteúdo até que as partículas fiquem uniformemente suspensas.
- Determinar o pH com o aparelho previamente calibrado.

» Procedimentos para conservação do filé de pescado por salga seca

- Pesar os filés e anotar o peso dos destinados à salga seca.
- A proporção de sal é de 30% em relação ao peso de pescado.
- Em um recipiente apropriado e descontaminado, aplicar o sal no fundo do recipiente e em toda a superfície dos filés, alternando em camadas se for necessário.
- Fechar o recipiente e manter sob refrigeração por 30 dias.
- Ao final do período, efetuar a pesagem dos filés e a determinação do seu pH.
- Se considerar necessário, a cura pode ser prolongada.

» Procedimentos para conservação do filé de pescado por salga úmida

- Anotar o peso dos filés que serão submetidos à salga por imersão.
- Preparar a salmoura com uma mistura saturada de 300g de sal, completando com água para um volume final de um litro.
- Ferver a salmoura e verificar a completa dissolução do sal.

> **» IMPORTANTE**
> - A penetração do sal no filé depende da granulometria do sal, da espessura da peça e da temperatura empregada.
> - A salga pode favorecer a oxidação das gorduras em pescado.
> - Ao final da cura por salga, o pescado pode ser lavado e submetido à dessecação ou defumação.

NO SITE

Acesse o ambiente virtual de aprendizagem para fazer atividades relacionadas ao que foi discutido neste capítulo: **www.grupoa.com.br/tekne**.

- Aguardar que esfrie e coletar uma amostra para avaliar o pH.
- No recipiente para salga úmida, colocar os filés e cobrir com a salmoura.
- Manter o recipiente fechado sob refrigeração, durante o processo de cura de 30 dias.
- Ao longo desse período, coletar semanalmente amostras da salmoura para análise do pH.
- Retirar os filés da salmoura, escorrendo-os, pesar e determinar o pH do pescado.
- Se necessário, a cura por salga úmida poderá ser estendida.

» Agora é a sua vez!

1. Confira o rendimento em cada um dos processos, a partir das diferenças entre o peso inicial e final, e os atributos sensoriais.

2. Construa uma tabela com os valores de pH do pescado e da salmoura e com os pesos dos filés, ao longo dos processos de salga seca e úmida.

3. Relacione os tipos de salga com a qualidade do produto.

4. Elabore o fluxograma de beneficiamento do pescado curado por salga.

5. Que outros ingredientes poderiam ser adicionados ao sal no processo de cura e como essa inclusão poderia contribuir na conservação do pescado curado?

» RESUMO

Neste capítulo, discutimos a aplicação da tecnologia para produção de alimentos de origem animal e a industrialização de derivados lácteos e cárneos. Apresentamos as etapas comuns do processamento do leite e as etapas específicas para obtenção de queijos, requeijão e iogurtes. Vimos como a qualidade da carne e do pescado interfere no produto final e como podem ser produzidos o embutido tipo frescal e o filé de pescado salgado.

REFERÊNCIAS

BRASIL. Ministério da Agricultura, Pecuária e Abastecimento. Decreto n. 30691, de 29 de março de 1952. Aprova o novo regulamento da inspeção industrial e sanitária de produtos de origem animal. Disponível em: <http://www.agricultura.gov.br/arq_editor/file/Desenvolvimento_Sustentavel/Producao-Integrada-Pecuaria/Decreto%2030691%20de%201952.pdf>. Acesso em: 26 set. 2014.

BRASIL. Ministério da Agricultura, Pecuária e Abastecimento. Instrução Normativa n.4, de 31 de março de 2000. [Regulamentos técnicos de identidade e qualidade de carne mecanicamente separada, de mortadela, de linguiça e de salsicha]. Disponível em: <http://www.defesaagropecuaria.sp.gov.br/www/legislacoes/popup.php?action=view&idleg=662>. Acesso em: 26 set. 2014.

BRASIL. Ministério da Agricultura, Pecuária e Abastecimento. Instrução Normativa n. 62, de 29 de dezembro de 2011. [Regulamentos técnicos de produção, identidade e qualidade do leite]. Disponível em: <http://www.sindilat.com.br/gomanager/arquivos/IN62_2011(2).pdf>. Acesso em: 26 set. 2014.

BRASIL. Ministério da Agricultura, Pecuária e Abastecimento. Portaria n. 146, de 7 de março de 1996. Aprova os Regulamentos Técnicos de Identidade e Qualidade dos Produtos Lácteos. Disponível em: <http://extranet.agricultura.gov.br/sislegis-consulta/consultarLegislacao.do?operacao=visualizar&id=1218>. Acesso em: 26 set. 2014.

BRASIL. Ministério da Agricultura, Pecuária e Abastecimento. Portaria n. 359, de 4 de setembro de 1997. Aprova o Regulamento Técnico de Identidade e Qualidade do Requeijão ou Requesón. Disponível em: <http://extranet.agricultura.gov.br/sislegis-consulta/consultarLegislacao.do?operacao=visualizar&id=1244>. Acesso em: 26 set. 2014.

EVANGELISTA, J. *Tecnologia de alimentos*. São Paulo: Atheneu, 2008.

FELLOWS, P. J. *Tecnologia do processamento de alimentos*: princípios e práticas. 2. ed. Porto Alegre: Artmed, 2006.

INSTITUTO ADOLFO LUTZ. *Normas analíticas do Instituto Adolfo Lutz*: métodos químicos e físicos para análise de alimentos. 4. ed. São Paulo: IMESP, 2008.

LINS, P. M. O. *Beneficiamento do pescado*. Belém: IFPA; MEC, 2011.

NESPOLO, C. R. *Características microbiológicas e físico-químicas durante o processamento de queijo de leite de ovelha*. 2009. 209f. Tese (Doutorado), Programa de Pós-Graduação em Microbiologia Agrícola e do Ambiente, Universidade Federal do Rio Grande do Sul, Porto Alegre, 2009.

RISSO, P. H. *Estudio del efecto de modificaciones estructurales de las micelas de caseína bovina sobre la estabilidad de las mismas frente a la coagulación enzimática*. 2004. 200f. Tese (Doutorado), Programa de Posgrado, Universidad Nacional de Rosario, Rosario, Argentina, 2004.

TERRA, N. N. *Apontamentos de tecnologia de carnes*. São Leopoldo: Unisinos, 2002.

VAN DENDER, A. G. F. *Requeijão cremoso e outros queijos fundidos*: tecnologia de fabricação, controle do processo e aspectos de mercado. São Paulo: Fonte, 2006.

capítulo 8

Análise sensorial aplicada à tecnologia de alimentos

A análise sensorial compreende um conjunto de técnicas utilizadas para a medição de atributos sensoriais a partir de respostas humanas. As informações obtidas por meio da avaliação sensorial de um produto são utilizadas por empresas como suporte técnico para a pesquisa e o controle de qualidade, bem como para a industrialização e o marketing. A análise sensorial garante que o produto chegue ao mercado satisfazendo as necessidades e expectativas do ponto de vista organoléptico. Neste capítulo, veremos os testes básicos aplicados inicialmente na seleção de um painel sensorial.

Objetivos de aprendizagem

» Identificar os fundamentos básicos da análise sensorial.

» Avaliar como os sentidos influenciam a análise de um produto.

» Verificar como podem ser selecionadas pessoas para fazer parte de um painel sensorial.

» Descrever alguns testes de análise sensorial utilizados na indústria.

>> Introdução

O interesse da humanidade pela análise sensorial é bastante antigo. O dos gregos, por exemplo, data de 300 a.C., ano em que elaboraram um tratado sobre aromas.

As técnicas de avaliação sensorial passaram a ser desenvolvidas a partir da necessidade de obtenção de produtos adequados, que fossem aceitos pelos consumidores. A tarefa atribuída às pessoas que avaliavam os produtos para o consumo não refletia necessariamente a preferência dos consumidores. Foi então que, no ano de 1937, no Simpósio *Flavor in food*, a análise sensorial foi percebida como importante ferramenta para solucionar a necessidade de medir a qualidade sensorial dos produtos alimentícios.

Na definição de análise sensorial, o ato de evocar compreende procedimentos desde o preparo das amostras até o ato de servi-las sob condições controladas. O ato de medir envolve a relação entre as características do produto e a percepção humana. O ato de analisar está relacionado aos métodos estatísticos para a análise dos dados. O ato de interpretar se refere à análise das análises dentro do contexto das hipóteses e do conhecimento prévio de suas implicações na tomada de decisão.

A análise sensorial pode ser realizada de acordo com diferentes testes, os quais dependem da sua finalidade. As medições necessitam ser precisas, de forma a fornecer uma resposta correta em termos de algum critério ou padrão preestabelecido, sem erro sistemático ou ideia preconcebida. Na indústria de alimentos, a análise sensorial tem importantes aplicações, sendo utilizada para:

- Comparar determinado produto com um produto semelhante de outras marcas.
- Desenvolver produtos por meio de seu grau de aceitação pelo público-alvo.
- Estimar a vida de prateleira do produto.
- Escolher o melhor tipo de embalagem para o produto.
- Alterar a formulação do produto para manter ou aumentar seu mercado ou para reduzir custos.

A qualidade de um produto pode ser analisada de maneira científica por meio de métodos de análise sensorial. Isso ocorre com o auxílio de um painel sensorial composto por um grupo de pessoas especialmente selecionadas, as quais analisam as diferentes características organolépticas dos alimentos.

Para selecionar um julgador sensorial, deve-se considerar sua capacidade na detecção de diferenças dos atributos de um produto alimentício. Além disso, deve-se observar se ele é capaz de repetir sua avaliação e se os julgadores reproduzem seus resultados entre si, pois esses fatores irão afetar o desempenho do painel sensorial.

> **>> DEFINIÇÃO**
> A **análise sensorial** é uma disciplina científica usada para evocar, medir, analisar e interpretar como as reações das características de alimentos e materiais são percebidas pelos sentidos da visão, olfato, gosto, tato e audição (ASSOCIAÇÃO BRASILEIRA DE NORMAS TÉCNICAS, 1993).

> **>> DEFINIÇÃO**
> O **painel sensorial** é composto por um grupo de pessoas treinadas – os julgadores – com a finalidade de detectar diferenças entre os alimentos, medir a aceitação do produto, identificar o atributo mais positivo e/ou negativo de um alimento e verificar se o produto encontra-se dentro dos limites de qualidade especificados pela indústria que o produz (DUTCOSKY, 2011).

Receptores sensoriais

A apreciação de um produto alimentício é um processo subjetivo, pois as percepções, que são armazenadas na memória, mudam continuamente e são substituídas por novas. A percepção envolve a filtração, interpretação e reconstrução das inúmeras informações que os receptores recebem.

Quando o observador toma consciência da sensação, pode-se dizer que ocorreu a **percepção** (DUTCOSKY, 2011). Entre os sentidos percebidos por meio dos receptores sensoriais, tem-se o olfato, gosto, visão, tato e audição (Figura 8.1).

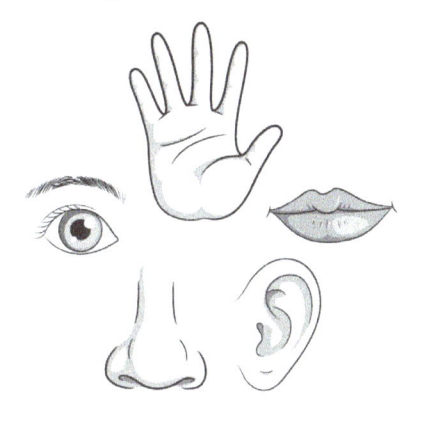

Figura 8.1 Cinco sentidos.
Fonte: iStock/Thinkstock.

» Olfato

O sentido do olfato é percebido por meio do odor, o qual é um elemento proveniente das substâncias voláteis dos alimentos. Ao mastigar um alimento, há a liberação de aromas que passam às narinas pela nasofaringe até o epitélio olfatório. A sensibilidade olfatória varia de acordo com as pessoas e diminui com a idade, podendo o indivíduo distinguir entre 2.000 e 4.000 impressões olfativas distintas.

» Gosto

O sentido do gosto (Figura 8.2) é reconhecido por meio de algumas regiões da mucosa da boca e da língua como:

- Doce
- Salgado
- Ácido
- Amargo
- Umami

> **» DEFINIÇÃO**
> O **odor** pode ser definido como o aroma volátil percebido nas narinas posteriores por meio da inalação ou inspiração de compostos voláteis presentes nos alimentos antes de colocá-lo na boca (DUTCOSKY, 2011). O odor é determinante na atração ou rejeição de um determinado produto, podendo indicar aos consumidores a qualidade e sanidade dos alimentos.

> **CURIOSIDADE**
> O gosto umami é a designação de um termo japonês que significa agradável e gostoso. Esse gosto foi identificado a partir de uma pesquisa sobre a atuação do glutamato monossódico.

Ressalta-se que a percepção do gosto acontece por meio de células receptoras, as quais estão localizadas na parte frontal, lateral e no final da língua, assim como no palato, nas bochechas e no esôfago. Os receptores do gosto são sensíveis ao estímulo.

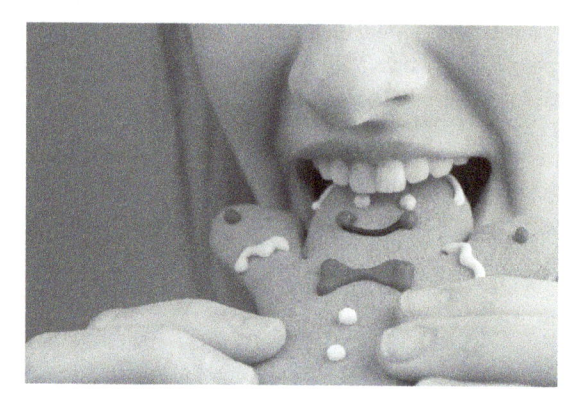

Figura 8.2 Gosto.
Fonte: liquidlibrary/Thinkstock.

> **DICA**
> O indivíduo, quando descreve o gosto de alimentos e bebidas, geralmente está se referindo ao sabor. Quando o indivíduo está resfriado, costuma dizer que não está sentindo o sabor de determinado alimento. No entanto, o que está prejudicado é o aroma percebido pelo epitélio olfatório e não os gostos básicos (DUTCOSKY, 2011).

Visão

O sentido da visão fornece informações sobre aspectos dos alimentos relacionados a estado, tamanho, forma, textura e cor. A indústria de alimentos utiliza o impacto visual com o intuito de tornar o alimento atrativo (Figura 8.3).

A) B)

Figura 8.3 Produtos alimentícios visualmente atraentes.
Fonte: iStock/Thinkstock.

A visão é importante no controle de qualidade de algumas matérias-primas, como, por exemplo, no julgamento do frescor de frutas e na cor dos grãos de café no processo de torração.

» Tato

O sentido do tato fornece informações sobre a textura, a forma, o peso, a temperatura e consistência de um produto alimentício por meio da boca e das mãos. O indivíduo manuseia o alimento por meio das mãos, a fim de complementar a informação que o sentido da visão já processou (Figura 8.4).

Na boca, há receptores do tato, os quais estão localizados nos lábios, bochechas, gengivas, língua e palato. Esses receptores são muito sensíveis, podendo identificar partículas de 20 a 25μm de diâmetro, como a textura granular. A língua propicia movimentação do alimento na boca conduzindo ao palato.

A textura dos alimentos depende de seu estado físico. Quando se refere a alimentos líquidos homogêneos, a textura é denominada viscosidade ou corpo. Quando se tratam de alimentos semissólidos ou líquidos heterogêneos, a textura é denominada consistência ou firmeza; de alimentos sólidos, simplesmente textura.

> » **DEFINIÇÃO**
> Pode-se afirmar que o **tato** é toda sensibilidade cutânea referente ao ser humano.

Figura 8.4 Importância do tato na percepção dos alimentos.
Fonte: Stockbyte/Thinkstock.

» Audição

Alguns sons característicos são esperados pelos indivíduos quando consomem os alimentos. A mastigação provoca sons que complementam a percepção da textura. Como exemplo, existem os sons provocados ao morder biscoitos, chocolates e maçã (Figura 8.5).

Todos os sentidos são detectados pelo cérebro e simultaneamente acrescidos de interações e associações psicológicas. Existem ainda associações entre cor e temperatura, textura e gosto, cor e odor. Por exemplo, uma cor azul pode parecer mais forte quando observada em um ambiente com som baixo, parecendo mais clara em um ambiente com som agudo.

A)   B)

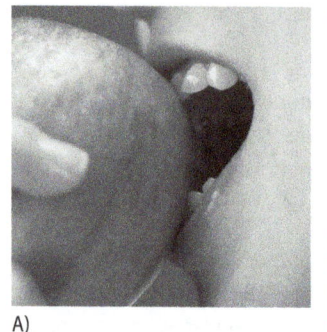

Figura 8.5 Exemplos de alimentos que provocam sons ao serem mordidos.
Fonte: amana images/moodboard/Thinkstock.

O ouvido humano converte uma onda mecânica fraca no ar em estímulos nervosos, os quais são decodificados e interpretados por uma parte do cérebro, de forma a identificar diferentes ruídos.

Testes sensoriais

A análise sensorial é realizada por meio de diferentes testes, que se baseiam em respostas humanas aos estímulos sensoriais. Os tipos de testes são divididos em três grandes grupos:

- Testes descritivos
- Testes discriminativos
- Testes afetivos

O Quadro 8.1 mostra os testes mais utilizados e sua classificação.

Quadro 8.1 » Classificação dos diferentes testes de análise sensorial

Testes discriminativos (ou de diferença)	• Teste triangular • Testes duo-trio • Teste pareado • Teste de comparação múltipla • Teste de ordenação
Testes descritivos	• Análise descritiva quantitativa (ADQ) • Perfil de textura • Perfil de sabor
Testes de aceitabilidade ou preferência (afetivos)	• Teste de preferência • Teste de aceitação

Os **testes descritivos** consistem na técnica sensorial, na qual os atributos de um produto são identificados e quantificados por julgadores treinados especificamente para esse propósito. Esses testes são apropriados quando se desejam informações detalhadas sobre os atributos de um produto.

Os **testes discriminativos ou de diferença**, também chamados de analíticos, têm como objetivo avaliar os efeitos específicos por meio de discriminação simples, ou seja, indicam se as amostras são iguais ou diferentes. Esses testes são aplicados frequentemente para pesquisa e desenvolvimento de novos produtos e controle de qualidade. Os testes discriminativos aplicados mais frequentemente em análise sensorial são:

- Triangular
- Duo-trio
- Comparação múltipla
- Comparação pareada
- Ordenação

Os **testes afetivos**, também chamados de testes de preferência ou aceitabilidade, são destinados aos consumidores de um determinado produto. São aplicados com alguns objetivos específicos, como verificação do posicionamento do produto no mercado, otimização de uma formulação, desenvolvimento de novos produtos e avaliação do potencial do mercado. O tipo de teste a ser aplicado em uma determinada situação irá depender do que se deseja saber. Serão vistos alguns exemplos de testes a seguir.

» Exemplo 1: é perceptível a troca de fornecedor?

Uma indústria que produz sorvete de abacaxi conseguiu um fornecedor alternativo de polpa de abacaxi mais barato e que atenderia à demanda da indústria. No entanto, não é desejado que os consumidores percebam a diferença no sorvete (ou seja, deseja-se manter as mesmas características do produto).

> **» PARA REFLETIR**
>
> Que tipo de teste a indústria deveria realizar?

Nesse caso, visto que se deseja verificar se os consumidores perceberiam a diferença, pode-se aplicar um teste discriminativo. Seria elaborado o sorvete utilizando os dois fornecedores de polpa de abacaxi e seria aplicado um teste discriminativo (p.ex., o teste triangular).

> **DICA**
> Os testes discriminativos apenas detectam se existe ou não diferença significativa entre as amostras (não seria possível dizer qual dos fornecedores de polpa de abacaxi seria o melhor).

Se o painel conseguisse detectar a diferença nos sorvetes, a indústria não poderia trocar de fornecedor. Se o painel não conseguisse detectar a diferença, seria possível concluir que a troca de fornecedor era viável. Cabe destacar que, se a diferença fosse notada pelo painel, esse teste não forneceria a informação sobre qual amostra seria a preferida.

» Exemplo 2: qual fornecedor é melhor?

Considere que, no exemplo anterior, foi verificado que os julgadores eram capazes de detectar a diferença entre os dois sorvetes (fabricados com fornecedores diferentes de polpa de abacaxi). A indústria deseja saber quais as diferenças percebidas nos sorvetes.

» PARA REFLETIR
Que tipo de teste deveria ser adotado?

Nesse caso, deve ser utilizado um teste descritivo, avaliando os aspectos importantes em um sorvete. Poderiam ser avaliados, por exemplo, atributos como aparência, cor, textura, sabor, entre outros. Para cada atributo, seria avaliada uma escala e, assim, quantificadas as diferenças.

» Exemplo 3: o novo produto será aceito pelos consumidores?

Um laticínio está desenvolvendo uma nova bebida láctea destinada ao público infantil e deseja saber se o produto será aceito no mercado.

» PARA REFLETIR
Que tipo de teste sensorial deveria ser utilizado?

Visto que o objetivo é verificar se o produto será aceito pelo público a que se destina, deve ser realizado um teste afetivo (de aceitabilidade). Considerando que o público-alvo são crianças, é importante fazer o teste utilizando um painel de crianças. A Figura 8.6 mostra uma escala hedônica facial interessante nesse caso.

Figura 8.6 Escala hedônica facial de cinco pontos.
Fonte: iStock/Thinkstock.

❯❯ Prática: seleção de julgadores – teste de identificação de sabores básicos

❯❯ Introdução

O teste de diferenciação de sabores básicos é classificado como um teste de sensibilidade. Mede a capacidade dos indivíduos em utilizar os sentidos do olfato e gosto e a capacidade para distinguir características específicas. Esse teste deve ser aplicado pelo menos três vezes (em dias diferentes) a fim de se ter certeza de que o julgador sensorial é capaz de diferenciar os sabores básicos.

Uma série de soluções identificadas por meio de três algarismos aleatórios, correspondendo aos gostos básicos, é apresentada aos julgadores sensoriais para que possam reconhecer e se familiarizar (INTERNATIONAL ORGANIZATION FOR STANDARDIZATION, 2011).

❯❯ Objetivo

Selecionar julgadores para fazer parte de um painel sensorial.

❯❯ Procedimentos

- Preparar as seguintes soluções, com as concentrações recomendadas (verificar o volume necessário para toda a turma, geralmente 1L de cada uma é suficiente):
    1. Doce: solução 0,58% de açúcar refinado.
    2. Salgado: solução 0,12% de sal de cozinha.
    3. Ácido: solução 0,04% de ácido cítrico.

4. Amargo: solução 0,02% de cafeína.

5. Umami: solução 0,06% de glutamato monossódico.

- Preparar um prato com oito copos de amostras.
- Os copos deverão estar identificados com códigos de três algarismos aleatórios.
- Cada copo deverá conter aproximadamente 50mL de volume representando diferentes sabores (doce, ácido, salgado, amargo ou umami).
- Três dessas soluções deverão ser repetidas.
- Colocar os copos na forma de círculo ou diamante no prato.
- Servir também um copo com água.
- Colocar junto aos copos um guardanapo, a ficha de avaliação (Quadro 8.2) e uma caneta.

Quadro 8.2 » Modelo de ficha para aplicação do teste de reconhecimento de sabores

Nome:

Data:

Teste de identificação de sabores básicos

Prove cada solução e identifique o gosto percebido, preenchendo com um "X" no quadro correspondente ao gosto previamente identificado.

Número da amostra	Doce	Salgado	Amargo	Ácido	Umami
237					
450					
067					
876					
231					
149					
691					
973					

Comentários:

Fonte: Adaptada de Dutcosky (2011).

Agora é a sua vez!

1. Analise os resultados para cada julgador. Na interpretação dos resultados, deve ser observado que o critério de aprovação nesse teste é de 100% de identificação (ou seja, o julgador deve acertar todos os sabores).

2. Especifique quais julgadores seriam selecionados para fazer parte de um painel sensorial e quais seriam desqualificados.

Prática: teste de limite de percepção

Introdução

O teste de limite de percepção é classificado como um teste de sensibilidade que mede a habilidade de perceber, identificar e/ou diferenciar qualitativa ou quantitativamente um ou mais estímulos por meio dos órgãos dos sentidos. Esses testes medem a capacidade dos indivíduos na utilização dos sentidos para distinguir características específicas (ASSOCIAÇÃO BRASILEIRA DE NORMAS TÉCNICAS, 1994).

Objetivos

- Selecionar e treinar julgadores sensoriais.
- Determinar limiares de detecção, reconhecimento e diferença de ingredientes.

Procedimentos

- Apresentar aos julgadores séries crescentes e decrescentes de concentrações.
- As amostras codificadas são apresentadas aos julgadores seguindo a ordem de concentração física, que devem indicar se algum estímulo é percebido.
- As amostras são apresentadas continuamente até que ocorram duas apresentações sucessivas dentro da mesma série, ou seja, detecção para a série crescente ou não detecção para a série decrescente.
- O limiar é representado pela média das concentrações em que ocorreram "detecção" e "não detecção".
- A ficha de avaliação pode ser observada no Quadro 8.3.

Quadro 8.3 » Modelo de ficha para aplicação do teste de limite

Nome:

Data:

Instruções

Você está recebendo uma série de amostras apresentando o mesmo sabor primário. Deguste cuidadosamente cada uma delas e avalie de acordo com o seguinte código:

- 0 (zero): sem sabor (não consegue detectar o sabor)
- +: sabor detectado (não importa a intensidade)

Código da amostra   **Código de avaliação**

Comentários:

Fonte: Adaptado de Teixeira, Meinert e Barbetta (1987).

A Tabela 8.1 apresenta a especificação para preparação das soluções estoques.

Tabela 8.1 » Soluções estoques para investigação da sensibilidade aos sabores

Sabor	Substância de referência	Concentração (g/L)
Ácido	Ácido cítrico cristalizado (mono-hidratado) (M=210,14 g/mol)	1,20
Amargo	Cafeína cristalizada (mono-hidratada) (M=212,12 g/mol)	0,54
Salgado	Cloreto de sódio (anidro) (M=58,46 g/mol)	4,00
Doce	Sacarose (M=342,2 g/mol)	24,00
Umami	Glutamato monossódico, $C_5H_2NNaO \cdot H_2O$ (M=187,13 g/mol)	2,00
Metálico	Sulfato de ferro II hepta-hidratado $FeSO_4 \cdot 7H_2O$ (M=287,9 g/mol)	0,016

Fonte: Internacional Organization for Standardization (1991).

- A Tabela 8.2 apresenta uma sequência de diluições preparadas a partir das soluções estoques da Tabela 8.1, as quais são indicadas para medir a precisão da sensibilidade.

Tabela 8.2 » **Sequência de diluições apropriadas para cada gosto**

Diluição	Ácido		Amargo		Salgado		Doce		Umami	
	v*	c**	v	c	v	c	v	c	v	c
	mL	g/L	mL	g/L	mL	g/L	mL	g/L	mL	g/L
D1	500	0,60	500	0,27	500	2,00	500	12,00	500	1,00
D2	400	0,48	400	0,22	350	1,40	300	7,20	350	0,70
D3	320	0,38	320	0,17	245	0,98	180	4,32	245	0,49
D4	256	0,31	256	0,14	172	0,69	108	2,59	172	0,34
D5	205	0,25	205	0,11	120	0,48	65	1,56	120	0,24
D6	164	0,20	164	0,09	84	0,34	39	0,94	84	0,17
D7	131	0,16	131	0,07	59	0,24	23	0,55	59	0,12
D8	105	0,13	105	0,06	41	0,16	14	0,34	41	0,08

*v é a quantidade de solução estoque utilizada, em mililitros, para 1 litro de solução final.
**c é a concentração da diluição, em gramas por litro.
Fonte: Adaptada de Internacional Organization for Standardization (1991).

» Análises

- Cada julgador tem seu limiar calculado por meio da média geométrica da concentração mais alta não detectada e a concentração seguinte.
- O limiar do grupo que realizou a análise é a média geométrica dos limiares de todos os indivíduos.

» Agora é a sua vez!

Analise os resultados obtidos para cada julgador e para o grupo, apresentando o limiar de detecção de cada julgador e do grupo.

Prática: teste triangular (teste discriminativo)

Introdução

Este teste é aplicado para determinar se existe diferença perceptível entre dois produtos comparando-se três amostras, das quais duas delas são iguais e uma é diferente. Dessa forma, tem sido amplamente utilizado como teste preliminar a outros testes, pois não avalia o grau de diferença nem caracteriza os atributos responsáveis pela diferença. O teste é interessante nas seguintes situações:

- Determinar se existem diferenças entre os produtos resultantes de mudança de ingredientes, processo, embalagem ou armazenamento.
- Determinar se existe diferença global entre os produtos, se não é possível identificar atributos específicos como tendo sido afetados.
- Acertar e monitorar julgadores com habilidades em discriminar as diferenças desejadas.

Objetivo

- Verificar se existe diferença significativa entre duas amostras que sofreram processos diferentes.

Equipe de provadores

- Recomenda-se usar de 20 a 40 provadores.
- Um mínimo de 12 provadores pode ser usado quando a diferença entre as amostras não for muito pequena.
- No mínimo, os provadores devem estar familiarizados com a forma, a questão e os procedimentos de avaliação do teste triangular e com os produtos a serem testados, pois o fator memória é muito importante.
- É recomendado haver uma sessão de orientação antes dos testes para oferecer um mínimo de informação para instruir e motivar os provadores.

Procedimentos

- Testar duas amostras diferentes (p.ex., podem ser utilizadas duas marcas diferentes de pêssego em calda, identificadas como amostras A e B).

- Preparar um prato com três copos de amostras, identificados com códigos de três algarismos aleatórios (p.ex., para o modelo de ficha apresentado a seguir, foram usados os códigos 238, 679 e 125).
- A ordem da apresentação das amostras deve ser casualizada e balanceada de acordo com o seguinte delineamento: ABA, BAB, AAB, BBA, ABB, e BAA.
- Apresentar a cada degustador três amostras codificadas e instruir que duas são idênticas e que uma é diferente.
- Solicitar aos provadores para avaliarem as amostras da esquerda para a direita, utilizando a ficha de avaliação mostrada no Quadro 8.4.

Quadro 8.4 » Modelo de ficha para aplicação do teste triangular

Nome:
Data:

Teste triangular
Você está recebendo três amostras codificadas, sendo duas iguais e uma diferente. Prove cada amostra e identifique com um círculo a amostra diferente.

    238   679   125

Comentários:

Fonte: Adaptada de Instituto Adolfo Lutz (2008).

» Análise dos resultados

- Após a degustação, recolher as fichas sensoriais e contar o número de respostas corretas.
- A análise estatística dos resultados baseia-se no número de julgamentos corretos comparado ao número de julgamentos totais (Quadro 8.5).

Quadro 8.5 » **Modelo de casualização e resultado do teste triangular**

Amostra:

Nº de codificações: (A)   (B)

Nº	Julgador	Ordem de apresentação			Resposta do julgador (C)* ou (E)** comentários
1		A	A	B	
2		B	A	A	
3		A	B	A	
4		A	B	B	
5		B	B	A	
6		B	A	B	
7		A	A	B	

p***

nº de julgamentos totais

nº de julgamentos corretos

Valor tabelado (nível de probabilidade)

*Correta.
**Errada.
***p = nº de julgadores.
Fonte: Adaptada de Instituto Adolfo Lutz (2008).

- Se o número de julgamentos corretos for superior ou igual ao valor encontrado na tabela do teste triangular (Tabela 8.3), conclui-se que existe diferença entre as amostras no nível de significância observado.
- Você vai precisar dos resultados de todo o painel para fazer a análise.

» PARA SABER MAIS

Para mais informações sobre os diferentes testes sensoriais, podem ser consultados os textos apresentados nas referências deste capítulo.

Tabela 8.3 » Número mínimo de julgamentos corretos para estabelecer diferença significativa entre as amostras (ao nível de erro α) utilizando o número de julgadores correspondente (n), para o Teste Triangular. Se o número de respostas corretas for igual ou maior ao tabelado significa que existe diferença significativa entre as amostras.

n	α					n	α				
	0,20	0,10	0,05	0,01	0,001		0,20	0,10	0,05	0,01	0,001
6	4	5	5	6	...	32	14	15	16	18	20
7	4	5	5	6	7	33	14	15	17	18	21
8	5	5	6	7	8	34	15	16	17	19	21
9	5	6	6	7	8	35	15	16	17	19	22
10	6	6	7	8	9	36	15	17	18	20	22
11	6	7	7	8	10	37	16	17	18	20	22
12	6	7	8	9	10	38	16	17	19	21	23
13	7	8	8	9	11	39	16	18	19	21	23
14	7	8	9	10	11	40	17	18	19	21	24
15	8	8	9	10	12	41	17	19	20	22	24
16	8	9	9	11	12	42	18	19	20	22	25
17	8	9	10	11	13	43	18	19	20	23	25
18	9	10	10	12	13	44	18	20	21	23	26
19	9	10	11	12	14	45	19	20	21	24	26
20	9	10	11	13	14	46	19	20	22	24	27
21	10	11	12	13	15	47	19	21	22	24	27
22	10	11	12	14	15	48	20	21	22	25	27
23	11	12	12	14	16	54	22	23	25	27	30
24	11	12	13	15	16	60	24	26	27	30	33
25	11	12	13	15	17	66	26	28	29	32	35
26	12	13	14	15	17	72	28	30	32	34	38
27	12	13	14	16	18	78	30	32	34	37	40
28	12	14	15	16	18	84	33	35	36	39	43
29	13	14	15	17	19	90	35	37	38	42	45
30	13	14	15	17	19	96	37	39	41	44	48
31	14	15	16	18	20	102	39	41	43	46	50

Fonte: American Society for Testing and Materials (2004).

» **NO SITE**
Acesse o ambiente virtual de aprendizagem para fazer atividades relacionadas ao que foi discutido neste capítulo: www.grupoa.com.br/tekne.

Agora é a sua vez!

1. Analise os resultados obtidos. Especifique se houve ou não diferença significativa entre as duas amostras (e o nível de probabilidade).

2. Suponha que você tenha realizado o teste com o objetivo de verificar a possibilidade de trocar o fornecedor da matéria-prima principal do produto, pois conseguiu um fornecedor mais barato e deseja saber se seria possível a troca do fornecedor. No entanto, você não deseja que a troca de fornecedor seja detectada pelos consumidores. Considerando essa hipótese e os resultados obtidos no teste, especifique se o fornecedor poderia ser trocado.

RESUMO

Neste capítulo, discutiu-se a importância da análise sensorial na análise da qualidade de um produto por meio de seus atributos. A análise sensorial é também uma ferramenta muito utilizada no desenvolvimento de novos produtos, sendo importante sua aplicação em Tecnologia de Alimentos. A avaliação sensorial é realizada de maneira científica, utilizando-se um painel sensorial composto por um grupo de pessoas especialmente selecionadas para analisar as diferentes características organolépticas dos alimentos. Foi possível observar alguns métodos capazes de detectar julgadores adequados para formar um painel sensorial.

REFERÊNCIAS

AMERICAN SOCIETY FOR TESTING AND MATERIALS. *E 1885 – 04*: standard test method for sensory analysis – triangle test. West Conshohocken: ASTM, 2004.

ASSOCIAÇÃO BRASILEIRA DE NORMAS TÉCNICAS. *NBR 12994*: análise sensorial dos alimentos e bebidas. São Paulo: ABNT, 1993.

ASSOCIAÇÃO BRASILEIRA DE NORMAS TÉCNICAS. *NBR 13172*: teste de sensibilidade em análise sensorial. São Paulo: ABNT, 1994.

DUTCOSKY, S. D. *Análise sensorial de alimentos*. 3. ed. Curitiba: Champagnat, 2011.

INSTITUTO ADOLFO LUTZ. *Normas analíticas do Instituto Adolfo Lutz*: métodos físico-químicos para análises de alimentos. 4. ed. São Paulo: IMESP, 2008.

INTERNATIONAL ORGANIZATION FOR STANDARDIZATION. *ISO 8586-1*: sensory analysis – methodology – method of investigation sensitivity of taste. Switzerland: ISO, 1991.

LAWLESS, H.T.; HEYMANN, H. *Sensory evaluation of food:* principles and practices. New York: Chapman and Hall, 1998.

LAWLESS, H. T.; KLEIN, B. P. *Sensory science theory and applications in foods*. New York: Dekker, 1991.

MEILGAARD, M.; CIVILLE, G. V.; CARR, B. T. *Sensory evaluation technique*. 3rd ed. Boca Raton: CRC, 1999.

TEIXEIRA, E.; MEINERT, E.M; BARBETTA, P. A. *Análise sensorial de alimentos*. Florianópolis: UFSC, 1987.

capítulo 9

Embalagens e rotulagem de alimentos

As embalagens exercem um papel fundamental na apresentação e conservação dos alimentos e, embora a embalagem não melhore a qualidade do produto, quanto maior for a sua vida de prateleira associada à segurança, melhor será a aceitação pelo consumidor. Neste capítulo serão abordados conceitos básicos relacionados aos diferentes tipos de embalagens que podem ser utilizadas em alimentos e suas principais funções. Serão discutidos também aspectos importantes sobre os dizeres de rotulagem estabelecidos pela legislação brasileira.

Objetivos de aprendizagem

» Avaliar a importância e as funções das embalagens para alimentos.

» Identificar os materiais utilizados para embalagens de alimentos.

» Discutir a legislação envolvida na rotulagem nutricional de alimentos embalados.

» Verificar como se estabelecem os dados que constam na rotulagem nutricional dos alimentos.

Introdução

Segundo o Decreto-Lei no 986/1969, **embalagem** é qualquer forma pela qual o alimento tenha sido acondicionado, guardado, empacotado ou envasado (BRASIL, 1969). Já de acordo com a ANVISA, embalagem é o recipiente destinado a garantir a conservação e facilitar o transporte e manuseio dos alimentos (AGÊNCIA NACIONAL DE VIGILÂNCIA SANITÁRIA, 2002).

Os principais materiais utilizados em embalagens para alimentos e bebidas são:

- Vidro
- Plástico
- Papelão

Assim, as embalagens devem atender aos interesses do consumidor, cumprindo metas técnicas, e aos interesses do produtor, como veículo de comunicação, distribuição e difusão do produto, dentro dos planos operacionais mercadológicos, relacionados com os lucros, as perdas e as vendas da organização.

Além disso, é nas embalagens dos alimentos que se encontram as informações nutricionais estabelecidas pela legislação e que orientam a rotulagem nutricional dos alimentos embalados.

Em alguns casos, como no enlatamento e na embalagem em atmosfera modificada, a embalagem não só é uma parte importante das operações de processamento de alimentos, como é a operação propriamente dita.

Funções das embalagens

As embalagens têm por finalidade vender o que protegem e proteger o que vendem. Além disso, cumprem diversas funções em alimentos, como:

- Proteger o conteúdo (sem por ela ser atacado).
- Resguardar o produto contra os ataques ambientais.
- Favorecer ou assegurar os resultados dos meios de conservação.
- Evitar contatos inconvenientes do produto.
- Melhorar a apresentação do produto.
- Possibilitar melhor observação do produto.
- Favorecer o acesso ao produto.
- Facilitar o transporte do produto.
- Educar o consumidor sobre o produto.

A Figura 9.1 ilustra alguns exemplos de funções das embalagens.

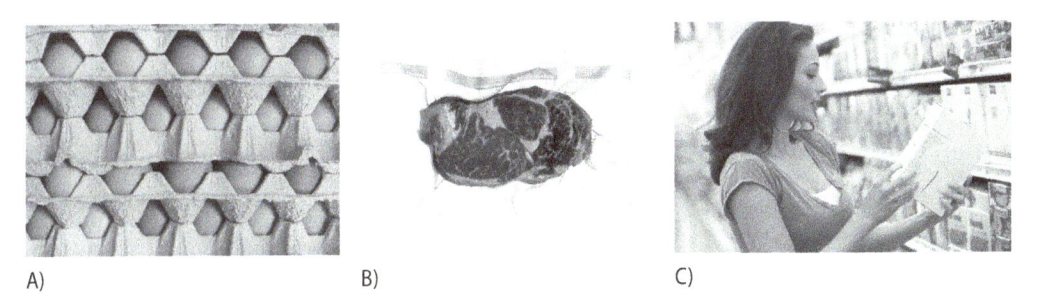

Figura 9.1 Funções das embalagens: A) proteger o produto e facilitar seu transporte. B) Favorecer a conservação do produto. C) Educar o consumidor sobre o produto.
Fonte: iStock/Digital Vision/Monkey Business/Thinkstock.

» Requisitos essenciais das embalagens

A embalagem utilizada na elaboração de um alimento deve cumprir com diversos requisitos, sendo os mais importantes:

- Manter condições de segurança contra agentes microrgânicos, enzimáticos, físicos, químicos e ambientais.
- Ser isenta de toxicidade.
- Não causar incompatibilidade com o produto.
- Ser adequada à forma, ao tamanho e ao peso do produto.
- Facilitar a venda do produto por sua aparência e poder visual.
- Possuir qualidades funcionais (fácil transporte e armazenamento do produto, desembaraço em seus sistemas de fechamento e abertura, dispositivos de observação de seu conteúdo).
- Fora dos casos excepcionais, ser de baixo custo.
- Educar o consumidor para a compra e o uso do produto.
- Indicar a origem do produto, seu fabricante e seu padrão de qualidade.
- Dentro do possível, evitar o agravamento do problema de poluição.

> » **DICA**
> A vida de prateleira dos alimentos embalados é determinada tanto pelas suas propriedades como pelas propriedades de barreira da embalagem que o acondiciona.

» Tipos de materiais de embalagem

As embalagens podem ser produzidas com diferentes materiais, como, por exemplo, materiais têxteis, madeira, metal, alumínio, vidro, polímeros, papel e papelão. As características e utilidade das embalagens irão depender, entre outros aspectos, do material utilizado na sua elaboração. A Figura 9.2 mostra uma possível classificação das embalagens e os tipos de materiais utilizados em cada caso.

> **DICA**
> Os sacos de aniagem estão sendo substituídos por sacos de propileno ou embalagens de grandes volumes.

Rígidas
Metal, vidro, papelão, madeira, plásticos rígidos

Embalagens

Semirrígidas
Garrafas e recipientes plásticos, laminados mistos

Flexíveis
Plásticos, celulose regenerada (celofane), alumínio (folha), papel

Figura 9.2 Classificação das embalagens segundo sua rigidez.
Fonte: Adaptada de Evangelista (2003).

A seguir, serão abordados alguns desses materiais.

» Têxteis e madeira

Figura 9.3 Invólucro de tecido: saco de aniagem com grãos de café.
Fonte: iStock/Thinkstock.

Os invólucros de tecido são usados somente como embalagem de transporte ou ainda como embalagens secundárias, pois são deficientes como barreira a insetos e micro-organismos. São exemplos os sacos de tecido de juta (saco de aniagem), a lona e a sarja para transporte de alimentos a granel (como grãos, farinha, açúcar e sal). A Figura 9.3 apresenta um exemplo de embalagem a granel utilizando tecido.

Já as embalagens de madeira (Figura 9.4) oferecem proteção mecânica e possibilidade de empilhamento por apresentar alta resistência de compressão vertical em relação ao peso. São exemplos os engradados de madeira, os barris de carvalho para vinhos e bebidas destiladas e as arcas de madeira para chá. As bombonas, os engradados e as caixas de polipropileno e polietileno estão substituindo a madeira em algumas aplicações por apresentar custo mais baixo e menores probabilidades de contaminação.

Figura 9.4 Caixa de madeira utilizada como embalagem para transporte.
Fonte: Photodisc/Thinkstock.

» Metal

As latas de metal apresentam vantagens em relação a outros tipos de embalagem por suportarem altas temperaturas de processamento e baixas temperaturas de armazenamento. Além disso, são impermeáveis à luz, umidade, odores e micro-organismos. Como desvantagem, esse material apresenta alto custo.

As latas compostas por três peças (corpo e duas peças nas extremidades: fundo e tampa) são usadas para alimentos esterilizados e também para pós, xaropes e óleos de cozinha. A Figura 9.5 apresenta um exemplo de embalagem metálica. Em geral, essas latas recebem um revestimento de estanho, que pode ser recoberto por vernizes para evitar interações com os alimentos. Exemplos de vernizes e suas aplicações são apresentados no Quadro 9.1.

Figura 9.5 Exemplo de embalagem metálica (lata).
Fonte: iStock/Thinkstock.

Alumínio

O alumínio é utilizado não só na fabricação de latas, mas também em filmes, tampas, copos e bandejas. As principais vantagens desse material como embalagem de alimentos são sua boa aparência, ausência de odor e sabor, capacidade de refletir energia radiante, boa relação peso-força, além de alta qualidade da superfície para decoração ou impressão. A Figura 9.6 apresenta um exemplo de embalagem de alumínio utilizada em alimentos.

Quadro 9.1 » **Exemplos de vernizes, suas características e aplicações**

	Características	Aplicação
Compostos epoxifenólicos	São resistentes a ácidos e ao calor e possuem flexibilidade.	Enlatamento de carnes, peixes, frutas e hortaliças.
Compostos vinílicos	Possuem adesão e flexibilidade, resistência a ácidos e álcalis, porém não suportam altas temperaturas.	Cervejas, vinhos, sucos de frutas e bebidas gaseificadas.
Vernizes fenólicos	São resistentes a ácidos e compostos sulfurados.	Produtos enlatados de carnes, derivados de pescado, frutas, sopas e hortaliças.
Vernizes acrílicos	São brancos e utilizados tanto interna como externamente.	Produtos à base de frutas.
Vernizes epoxiaminos	Possuem adesão, resistência ao calor e à abrasão, flexibilidade e alto custo.	Cervejas, refrigerantes, laticínios, pescado e carnes.

Figura 9.6 Embalagem de alumínio.
Fonte: iStock/Thinkstock.

» Vidro

O vidro é um material amplamente utilizado para embalar alimentos e bebidas (Figura 9.7). Os frascos ou as garrafas de vidro apresentam algumas vantagens, como serem:

- Impermeáveis à umidade, a gases, odores e micro-organismos.
- Inertes (não reagem com os alimentos).
- Apropriados para o processamento pelo calor.
- Reutilizáveis e recicláveis.
- Transparentes, mostrando seu conteúdo.
- Rígidos, permitindo o empilhamento sem danos ao recipiente.

Figura 9.7 Exemplo de embalagem de vidro.
Fonte: iStock/Thinkstock.

Como desvantagens do vidro, cita-se o maior peso quando comparado a outros tipos de embalagem, o que eleva seu custo de transporte, além de ter menor resistência a fraturas e a choque térmico.

» Plástico

Os filmes flexíveis são polímeros plásticos que podem ser produzidos com diferentes barreiras contra umidade e gases, além disso, são leves e moldam-se ao formato do alimento. Alguns exemplos são os filmes de celulose utilizados para embalar pão fresco, o polipropileno utilizado na fabricação de garrafas, os pacotes de salgadinhos, as embalagens para biscoitos e filmes para cozimento na própria embalagem, o polietileno tereftalato (PET) utilizado para bebidas gaseificadas (Figura 9.8) ou os filmes para cozimento na embalagem.

Figura 9.8 Garrafas PET.
Fonte: iStock/Thinkstock.

» Papel e papelão

O papel apresenta vantagem como material para embalagens de alimentos, pois é reciclável e biodegradável. O Quadro 9.2 apresenta os diferentes tipos de papéis e suas aplicações como embalagem alimentícia.

Quadro 9.2 » **Tipos de papéis e suas aplicações**

Tipo	Aplicações
Papel craft	Embalagens de manteiga, queijo, carne e pescado.
Papel sulfito	Pequenos sacos, laminados metálicos e etiquetas.
Papel manteiga	Papel para produtos de panificação e alimentos gordurosos.
Papel vegetal	Envoltório ou revestimento de caixas usadas para carnes, peixes e gorduras.
Papel de seda	Embrulho para pães e frutas.

Fonte: Adaptado de Fellows (2006).

O termo papelão abrange cartolinas, papelão aglomerado e placas corrugadas ou sólidas de papel. A cartolina é adequada para o contato com alimentos em embalagens cartonadas de sorvetes, chocolates e alimentos congelados. Já o papelão feito de papel reciclado não pode entrar em contato direto com os alimentos e é usado nas caixas externas de chás e cereais.

A **embalagem longa vida** é composta por várias camadas de materiais que criam uma barreira que impede a entrada de luz, ar, água e micro-organismos e, ao mesmo tempo, não permitem que o aroma dos alimentos deixe a embalagem. Essas embalagens são feitas de papel (cartão), plástico (polietileno de baixa densidade) e alumínio (Figura 9.9).

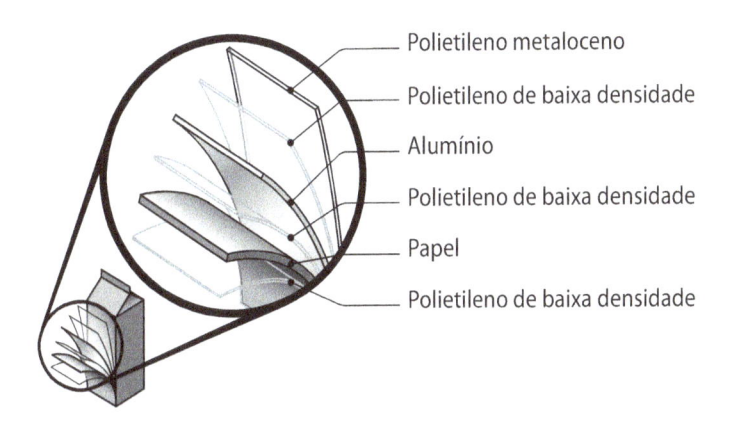

Figura 9.9 Camadas dos diferentes materiais utilizados na elaboração da embalagem longa vida.
Fonte: iStock/Thinkstock.

O Quadro 9.3 traz exemplos de embalagens preferidas para o caso de bebidas.

Quadro 9.3 » Preferência de embalagens para algumas bebidas

Embalagem	Bebida
Vidro	Cerveja, água, sucos e néctares de frutas
PET	Refrigerantes e água
Latas	Refrigerantes e cervejas
Cartonadas	Leite, sucos e néctares de frutas

❯❯ Embalagens especiais

Algumas embalagens são consideradas especiais por vários motivos, dentre eles:

- Impermeabilidade à umidade, aos gases e aos raios ultravioleta.
- Proteção conferida aos produtos submetidos a baixas temperaturas (uso do frio).
- Propriedades de termoencolhimento.
- Duração de seu tempo de utilização.
- Característica de embalar produtos destinados ao uso individual ou coletivo.

Durante as últimas décadas, foram desenvolvidas novas tecnologias relacionadas com embalagens para alimentos, como as embalagens ativas e inteligentes.

❯❯ Embalagens ativas

As embalagens ativas têm várias funções adicionais em relação às embalagens convencionais, pois elas alteram as condições do produto, aumentando sua vida de prateleira, segurança, qualidade e/ou melhorando suas características sensoriais.

Alguns sistemas de embalagens ativas desenvolvidos empregam substâncias que absorvem oxigênio, etileno, umidade e odor. Outros sistemas emitem dióxido de carbono, agentes antimicrobianos, antioxidantes e aromas, permitindo a incorporação ou imobilização de certos aditivos à embalagem em vez de incorporar diretamente ao produto.

❯❯ Embalagens inteligentes

As embalagens inteligentes podem ser compostas por rótulos, etiquetas ou filmes que proporcionam maiores possibilidades de monitoramento da qualidade do alimento acondicionado. De acordo com Yam, Takhistov e Miltz (2005), as embalagens inteligentes podem ser divididas em dois grandes grupos: embalagens carreadoras de dados e embalagens indicadoras.

Nas embalagens carreadoras de dados, estão inseridos o código de barras e as etiquetas de identificação por frequência de rádio. Entre as embalagens indicadoras, merecem destaque os indicadores de tempo e temperatura, os indicadores de gases como etileno e oxigênio e os indicadores de micro-organismos patogênicos e toxinas.

❯❯ Rotulagem de alimentos

Segundo a ANVISA, **rótulo** é toda inscrição, legenda, imagem ou matéria descritiva ou gráfica que esteja escrita, impressa, estampada, gravada ou colada sobre a embalagem do alimento.

O rótulo e as informações contidas nele representam o primeiro contato do consumidor com o produto, o que remete à necessidade de que as informações estejam dispostas de forma clara. Nas embalagens dos alimentos, devem existir rotulagem geral, rotulagem nutricional e informações nutricionais complementares. Segundo a legislação vigente, os rótulos devem mencionar, de forma legível, o seguinte:

- Qualidade, natureza e tipo do alimento
- Nome e marca
- Nome do fabricante ou produtor
- Sede da fábrica ou local de produção
- Número de registro no ministério da saúde
- Indicação dos aditivos intencionais
- Número de lote ou data de fabricação (quando se tratar de alimentos perecíveis)
- Peso ou volume líquido

Com relação à rotulagem nutricional dos alimentos e bebidas, existem atualmente duas resoluções que regulamentam o assunto no Brasil: a Resolução RDC n° 359/2003 e a Resolução RDC n° 360/2003. Todos os alimentos e bebidas devem apresentar rotulagem nutricional (ou seja, apresentar a tabela nutricional). Algumas das exceções são água, embalagens que tenham superfície menor ou igual a 100cm^2, bebidas alcoólicas e produtos vendidos a granel.

> **ATENÇÃO**
> Os alimentos rotulados no país, cujos rótulos apresentarem palavras em idiomas estrangeiros, deverão trazer a tradução, salvo se tratando de denominação universalmente consagrada.

> **PARA SABER MAIS**
> A listagem completa dos alimentos que não necessitam de rotulagem nutricional encontra-se disponível na Resolução RDC n°360/2003 da ANVISA/MS (AGÊNCIA NACIONAL DE VIGILÂNCIA SANITÁRIA, 2003).

» Cálculo das informações nutricionais

As informações nutricionais que devem constar no rótulo dos alimentos são geralmente apresentadas na forma de tabela, conforme o modelo mostrado na Figura 9.10.

INFORMAÇÃO NUTRICIONAL Porção de ..... g ou mL (medida caseira)		
	Quantidade por porção	% VD (*)
Valor energético	kcal = kJ	%
Carboidratos	g	%
Proteínas	g	%
Gorduras totais	g	%
Gorduras saturadas	g	%
Gorduras trans	g	–
Fibra alimentar	g	%
Sódio	mg	%
Outros minerais (1)	mg ou mcg	
Vitaminas (1)	mg ou mcg	

(*)% Valores Diários de referência com base em uma dieta de 2.000kcal ou 8.400kJ. Seus valores diários podem ser maiores ou menores dependendo de suas necessidades energéticas.
(1) Quando declarados.

Figura 9.10 Modelo de rótulo para apresentação das informações nutricionais (tabela nutricional).
Fonte: Brasil (2008).

> **DICA**
> Há ainda a RDC n° 54, de 12 de novembro de 2012, que trata da rotulagem nutricional complementar, ou seja, das propriedades nutricionais particulares e alegações nutricionais presentes nos rótulos dos alimentos (p.ex., uso de termos como *light*, rico, fonte, etc) (AGÊNCIA NACIONAL DE VIGILÂNCIA SANITÁRIA, 2012).

> **DICA**
> Os valores para cálculo das informações nutricionais podem ser obtidos por meio de médias dos resultados de análises físico-químicas de amostras representativas do produto ou por meio do uso de tabelas de composição. A ANVISA disponibiliza para as empresas um programa para realizar esses cálculos.

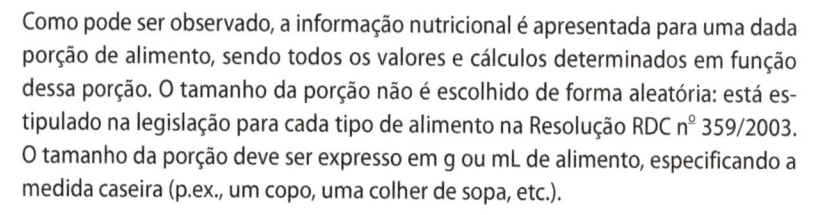

Como pode ser observado, a informação nutricional é apresentada para uma dada porção de alimento, sendo todos os valores e cálculos determinados em função dessa porção. O tamanho da porção não é escolhido de forma aleatória: está estipulado na legislação para cada tipo de alimento na Resolução RDC nº 359/2003. O tamanho da porção deve ser expresso em g ou mL de alimento, especificando a medida caseira (p.ex., um copo, uma colher de sopa, etc.).

Após estipular o tamanho da porção, devem ser calculadas as quantidades de cada um dos nutrientes de declaração obrigatória (carboidratos, proteínas, gorduras totais, saturadas e trans, fibra alimentar e sódio) presentes na porção.

Posteriormente, devem ser calculadas as porcentagens dos valores diários de referência (%VD) para cada nutriente. Para isso, é necessário utilizar os dados contidos no Quadro 9.4, que traz os valores de ingestão diária recomendada de nutrientes (IDR) de declaração obrigatória. Na grande maioria dos casos, utiliza-se como referência uma dieta de 2.000 kcal (valor estipulado para adultos). No caso de alimentos específicos para o público infantil, outros valores de referência podem ser utilizados dependendo da faixa etária.

> **DEFINIÇÃO**
> **%VD** é a porcentagem de contribuição da porção do alimento considerado para a IDR do valor energético ou de um nutriente. Já **IDR** é a quantidade de nutrientes que deve ser consumida diariamente para atender às necessidades nutricionais da maior parte dos indivíduos e grupos de pessoas de uma população.

Quadro 9.4 » Valores de referência para porções de alimentos e bebidas para fins de rotulagem nutricional

	IDR
Valor energético	2.000kcal – 8.400kJ
Carboidratos	300g
Proteínas	75g
Gorduras totais	55g
Gorduras saturadas	22g
Fibra alimentar	25g
Sódio	2.400g

Fonte: Brasil (2008).

Cabe destacar que para o caso das gorduras trans não existe um valor de IDR, visto que não é recomendada a ingestão desse tipo de gorduras, mesmo que em quantidades mínimas. Dessa forma, não existe um valor para a %VD, podendo constar na coluna do %VD correspondente a gorduras trans: "VD não estabelecido" ou "Valor Diário não estabelecido".

» Cálculo do valor energético

A quantidade do valor energético a ser declarada deve ser calculada utilizando-se os fatores de conversão contidos no Quadro 9.5.

Quadro 9.5 » Fatores de conversão para quantidade do valor energético

Carboidratos (exceto polióis)	4kcal/g – 17kJ/g
Proteínas	4kcal/g – 17kJ/g
Gorduras	9kcal/g – 37kJ/g
Álcool (etanol)	7kcal/g – 29kJ/g
Ácidos orgânicos	3kcal/g – 13kJ/g
Polióis	2,4kcal/g –10kJ/g
Polidextroses	1kcal/g – 4kJ/g

O valor energético deve ser expresso em kcal e em kJ (1kcal equivale a aprox. 4,2 kJ).

» Formas de apresentação

Existem três modelos de rótulos que podem ser aplicados na rotulagem nutricional, detalhados a seguir (modelo vertical A, modelo vertical B e modelo linear).

Modelo vertical A

O Quadro 9.6 mostra um exemplo de modelo vertical A.

Quadro 9.6 » Modelo vertical A

INFORMAÇÃO NUTRICIONAL
Porção g ou mL (medida caseira)

Quantidade por porção		% VD (*)
	kcal = kJ	
Valor energético		
Carboidratos	g	
Proteínas	g	
Gorduras totais	g	
Gorduras saturadas	g	
Gorduras trans	g	(Não declarar)
Fibra alimentar	g	
Sódio	mg	

Não contém quantidade significativa de (valor energético e/ou o(os) nome(s) do(s) nutriente(s) (*esta frase pode ser empregada quando se utiliza a declaração nutricional simplificada*).

* %Valores Diários com base em uma dieta de 2.000kcal ou 8.400kJ. Seus valores diários podem ser maiores ou menores dependendo de suas necessidades energéticas.

Fonte: Brasil (2008).

Modelo vertical B

O Quadro 9.7 mostra um exemplo de modelo vertical B.

Quadro 9.7 » Modelo vertical B

INFORMAÇÃO NUTRICIONAL	Quantidade por porção	% VD (*)	Quantidade por porção	% VD (*)
Porção g ou mL (medida caseira)	Valor energético kcal = kJ		Gorduras saturadas g	
	Carboidratos g		Gorduras trans g	(Não declarar)
	Proteínas g		Fibra alimentar... g	
	Gorduras totais g		Sódio mg	

Não contém quantidade significativa de (valor energético e/ou nome(s) do(s) nutriente(s)) (*esta frase pode ser empregada quando se utiliza a declaração nutricional simplificada*).

* % Valores Diários de referência com base em uma dieta de 2.000kcal, ou 8.400kJ. Seus valores diários podem ser maiores ou menores dependendo de suas necessidades energéticas.

Fonte: Brasil (2008).

Modelo linear

O Quadro 9.8 mostra um exemplo de modelo linear.

Quadro 9.8 » Modelo linear

Informação Nutricional: Porção ...g ou mL; (medida caseira) Valor energético ...kcal = ...kJ (...%VD); Carboidratos ...g (...%VD); Proteínas ...g(...%VD); Gorduras totais ...g (...%VD); Gorduras saturadas ...g (%VD); Gorduras trans...g; Fibra alimentar ...g (%VD); Sódio ...mg (%VD). Não contém quantidade significativa de... (valor energético e/ou o(s) nome(s) do(s) nutriente(s)) (Esta frase pode ser empregada quando se utiliza a declaração nutricional simplificada).

*% Valores Diários com base em uma dieta de 2.000kcal ou 8.400kJ. Seus valores diários podem ser maiores ou menores dependendo de suas necessidades energéticas.

Fonte: Brasil (2008).

» Outras informações

Além dos nutrientes de declaração obrigatória segundo a legislação brasileira, deve-se informar a quantidade de qualquer outro nutriente sobre o qual se faça uma declaração de propriedades nutricionais ou outra declaração que faça referência a nutrientes. De forma optativa, podem ser declaradas vitaminas e minerais quando estiverem presentes em quantidade igual ou maior a 5% da IDR por porção indicada no rótulo. O Quadro 9.9 apresenta exemplos de expressões que não devem constar nos rótulos.

Quadro 9.9 » **Expressões que não devem constar nos rótulos**

Expressões superlativas	• O mais saboroso • Supervitaminado • O mais nutritivo • Da mais alta qualidade • O mais cremoso
Inverdades sobre frutas e derivados	• "100% *juice*" declarado quando, na verdade, trata-se de suco reconstituído e água. • "Biscoito de morango" em produto elaborado com aroma. • "*Fresh orange juice*" no rótulo de suco reconstituído e contendo conservantes na lista de ingredientes.
Atributos não previstos	• "Não contém conservante" em alimentos em que a tecnologia de produção dispensa o uso de conservantes. • "Caseiro" em alimentos industrializados. • "100% natural" em alimentos processados.
Declarações de informação nutricional complementar não prevista no regulamento específico	• "Apenas 100 calorias" – induz o consumidor a pensar que o valor energético é menor do que os demais de sua categoria. • "Apenas 1g de sódio" – equivale a 42% do valor diário recomendado no Brasil e não representa pouco sódio para um único alimento.

» Prática: embalagens utilizadas em alimentos

» Objetivo

Verificar diversas embalagens de produtos alimentícios e a rotulagem.

» Materiais

Colocar em cima da(s) bancada(s) diversas embalagens de alimentos, como ervilha em lata, espaguete, farinha de milho, geleia de uva (ou de outra fruta), hambúrguer bovino congelado, iogurte natural ou de fruta, leite (pasteurizado e UHT), refresco em pó, suco de laranja pasteurizado, vinagre de maçã, água mineral, gelatina em pó, hambúrguer de frango congelado, refrigerante em lata, em garrafa PET e garrafa de vidro.

» Procedimentos

Desenhar a Tabela 9.1 no caderno e preencher os dados solicitados para as embalagens dispostas sobre as bancadas

Tabela 9.1

Produto					
Material embalagem primária					
Material embalagem secundária					
Peso ou volume					
Proteção da luz?					
Cuidados de armazenamento					
Datas de validade e fabricação					
Modelo rótulo					
Tamanho da porção					
kcal por porção					
Possui gorduras trans?					
Observações					

» Agora é a sua vez!

1. Discuta a necessidade de embalagem primária e secundária na gelatina e no hambúrguer de frango congelado.
2. Escolha um alimento que possua embalagem com proteção à luz e discuta sua importância para a conservação do produto.
3. Escolha um alimento embalado em embalagem TetraPak e discuta o fato de ser armazenado em temperatura ambiente.
4. Comparar os refrigerantes em suas diferentes formas de embalagem, discutindo as vantagens e as desvantagens de cada uma.
5. Comparar, em relação à embalagem, o leite pasteurizado e o UHT (longa vida), evidenciando as vantagens e desvantagens.

❯❯ Prática: rotulagem nutricional de alimentos

❯❯ Objetivo
Avaliar e aplicar a legislação vigente sobre rotulagem nutricional.

❯❯ Procedimentos
- No site da ANVISA, faça o download do arquivo "Manual de orientação aos consumidores.pdf" (link disponível no ambiente virtual de aprendizagem Tekne: **www.grupoa.com.br/tekne**).
- Consulte a RDC n° 359/2003 e RDC n° 360/2003.

> **❯❯ NO SITE**
> Acesse o ambiente virtual de aprendizagem para fazer atividades relacionadas ao que foi discutido neste capítulo.

❯❯ Agora é a sua vez!

1. Segundo a ANVISA, na hora da compra, que porcentagem de pessoas consulta o rótulo dos alimentos? Todas elas sabem o que significam essas informações?
2. No Brasil, qual é o órgão responsável pela regulação da rotulagem de alimentos e que estabelece quais as informações que um rótulo deve conter?
3. Que ordem deve ser seguida na lista de ingredientes?
4. O que é o lote de um produto?
5. Está correta a expressão "óleo sem colesterol" no rótulo de um óleo vegetal ou "maionese contendo ovos" no rótulo de uma maionese? Explique.
6. Quais são as sugestões da ANVISA para ter uma alimentação mais saudável?
7. Qual é a diferença entre alimentos *diet* e *light*?
8. Quais são as recomendações da ANVISA para portadores de algumas doenças?
9. Quais são os alimentos dispensados de tabela nutricional?
10. Que informações devem constar obrigatoriamente na tabela?
11. Que legislação se aplica para verificar o tamanho da porção que deve constar na tabela nutricional?
12. Procure nas RDCs n°359/2003 e n°360/2003 o tamanho da porção para os seguintes ingredientes.
    a. Bolo sem recheio
    b. Polpa de tomate
    c. Maçã desidratada
    d. Óleo de arroz
    e. Ricota

>> RESUMO

Neste capítulo, foram abordadas as principais funções de diferentes tipos de embalagens que podem ser utilizadas para o armazenamento de alimentos. Também foram discutidos os aspectos importantes relacionados à rotulagem segundo a legislação brasileira.

REFERÊNCIAS

AGÊNCIA NACIONAL DE VIGILÂNCIA SANITÁRIA (Brasil). Resolução RDC n. 54, de 12 de novembro de 2012. Regulamento técnico sobre informação nutricional complementar. Disponível em: < http://portal.anvisa.gov.br/wps/wcm/connect/630a98804d7065b98 1f1e1c116238c3b/Resolucao+RDC+n.+54_2012.pdf?MOD=AJPERES>. Acesso em: 1 out. 2014.

AGÊNCIA NACIONAL DE VIGILÂNCIA SANITÁRIA (Brasil). Resolução RDC n. 259, de 20 de setembro de 2002. Aprova o regulamento técnico sobre rotulagem de alimentos embalados. Disponível em: < http://portal.anvisa.gov.br/wps/wcm/connect/36bf3980 47457db389d8dd3fbc4c6735/RDC_259.pdf?MOD=AJPERES>. Acesso em: 3 out. 2014.

AGÊNCIA NACIONAL DE VIGILÂNCIA SANITÁRIA (Brasil.). Resolução RDC n. 359, de 23 de dezembro de 2003. Regulamento técnico de porções de alimentos embalados para fins de rotulagem nutricional. Disponível em: < http://www.crn3.org.br/legislacao/doc/RDC_359-2003.pdf>. Acesso em: 1 out. 2014.

AGÊNCIA NACIONAL DE VIGILÂNCIA SANITÁRIA (Brasil). Resolução RDC n. 360, de 23 de dezembro de 2003. Regulamento técnico sobre rotulagem nutricional de alimentos embalados, tornando obrigatória a rotulagem nutricional. Disponível em: < http://portal.anvisa.gov.br/wps/wcm/connect/ec3966804ac02cf1962abfa337abae9d/Resolucao_RDC_n_360de_23_de_dezembro_de_2003.pdf?MOD=AJPERES>. Acesso em: 1 out. 2014.

AGÊNCIA NACIONAL DE VIGILÂNCIA SANITÁRIA (Brasil). *Rotulagem nutricional obrigatória*: manual de orientação aos consumidores: educação para o consumo saudável. Brasília: ANVISA, 2008. Disponível em: <http://portal.anvisa.gov.br/wps/wcm/connec t/662e6700474587f39179d53fbc4c6735/manual_consumidor.pdf?MOD=AJPERES>. Acesso em: 3 out. 2014.

ALMEIDA-MURADIAN, L. B.; PENTEADO, M. V. C. *Vigilância sanitária*: tópicos sobre legislação e análise de alimentos. Rio de Janeiro: Guanabara Kogan, 2007.

BRASIL. Decreto-Lei n.986, de 21 de outubro de 1969. Institui normas básicas sobre alimentos. Disponível em: < http://www.planalto.gov.br/ccivil_03/decreto-lei/Del0986.htm>. Acesso em: 3 out. 2014.

EVANGELISTA, J. *Tecnologia de alimentos*. 2. ed. São Paulo: Atheneu, 2003.

FELLOWS, P. J. *Tecnologia do processamento de alimentos*: princípios e práticas. 2. ed. Porto Alegre: Artmed, 2006.

HAN, J. H.; HO, C.H.L.; RODRIGUES, E. T. Intelligent packaging. In: HAN, J. H (Ed.). *Innovations in food packaging*. Baltimore: Elsevier Science, 2005. p. 138-155.

KERRY, J. P.; O'GRADY, M. N.; HOGAN, S. A. Past, current and potential utilization of active and intelligent packaging systems for meat and muscle-based products: a review. *Meat Science*, v. 74, n. 1, p. 113-130, 2006.

VERMEIREN, L.; DEVLIEGHERE, F.; DEVEBERE, J. Effectiveness of some recent antimicrobial packaging concepts. *Food Additives and Contaminants*, v. 19, p. 163-171, 2002.

YAM, K. L.; TAKHISTOV, P. T.; MILTZ, J. Intelligent packaging: concepts and applications. *Journal of Food Science*, v. 70, 2005.